次世代三维模型

案例实战

三维模型

基于PBR流程

（微课视频版）

周彦鹏　张智勇　主编

U0283895

清华大学出版社

北京

内 容 简 介

本书讲解次世代三维模型案例，案例的制作使用了游戏行业高效、流行的PBR制作流程，既包括基础概念的讲解，也包括高阶复杂案例的制作，是作者多年项目经验和教学实践的总结。本书使用的制作软件包括Maya、ZBrush、xNormal、Substance Painter、Marmoset Toolbag（八猴）、Photoshop等。

全书共分为6章。第1章讲解了Maya的基本功能、Maya的应用领域、次世代游戏的概念及PBR的标准化工作流程。第2章讲解了Maya的用户界面构成、变换操作视图及自定义Maya工作界面的方法。第3章讲解了Maya软件的基本操作方法、NURBS曲面建模的方法和多边形建模的方法，介绍了Maya的轨迹化操作技巧。第4章讲解房屋案例的制作过程，全流程使用Maya软件完成，使用的命令涵盖了Maya的常用命令。第5章使用标准的PBR流程制作次世代高仿真弹药箱案例。第6章制作基于PBR流程的次世代科幻武器案例。每章都有学习提示和要点总结，帮助读者抓住重点。

本书适合作为高等院校数字媒体技术、游戏设计、动画等专业的专业课教材，也可以作为培训机构的教学用书，还可以作为游戏设计、动画设计爱好者的自学用书。

图书在版编目（CIP）数据

次世代三维模型案例实战：基于PBR流程：微课视频版 / 周彦鹏，张智勇主编 . —北京：清华大学出版社，2021.3（2025.1重印）

ISBN 978-7-302-57514-6

Ⅰ.①次…　Ⅱ.①周…②张…　Ⅲ.①电子计算机－游戏程序－程序设计　Ⅳ.① TP317.62

中国版本图书馆 CIP 数据核字 (2021) 第 026946 号

责任编辑：刘向威　常晓敏
封面设计：文　静
版式设计：方加青
责任校对：焦丽丽
责任印制：沈　露

出版发行：清华大学出版社
　　　　网　　　址：https://www.tup.com.cn, https://www.wqxuetang.com
　　　　地　　　址：北京清华大学学研大厦 A 座　　　　邮　　编：100084
　　　　社 总 机：010-83470000　　　　　　　　　　邮　　购：010-62786544
　　　　投稿与读者服务：010-62776969，c-service@tup.tsinghua.edu.cn
　　　　质 量 反 馈：010-62772015，zhiliang@tup.tsinghua.edu.cn
印 装 者：三河市龙大印装有限公司
经　　销：全国新华书店
开　　本：185mm×260mm　　　　印　　张：17.75　　　　字　　数：428 千字
版　　次：2021 年 5 月第 1 版　　　　　　　　　　印　　次：2025 年 1 月第 4 次印刷
印　　数：5001～6500
定　　价：89.00 元

产品编号：086427-01

前言

什么是"次世代"？"次世代"是"下一代"的意思。"次世代"游戏指游戏的画面、玩法等方面都有了重大的进步，就像人类从农耕时代迈入蒸汽机时代一样，是画质更高、特效品质更高、动作和场景更逼真的新一代游戏。人类是追求视觉效果的动物，无论是单机游戏还是网络游戏，人们对于极致画面效果的追求永远不会停息。次世代建模中大量使用了实时计算的法线贴图，能够使画面呈现出前所未有的细节效果。

什么是 PBR 流程？PBR 是 Physically Based Rendering 的缩写，是基于物理的渲染。这种渲染方式通过贴图来定义材质的属性及表面的光泽，让人很容易明确区分不同的材质，效果更加真实自然。使用 Substance Painter 软件可制作符合 PBR 标准的贴图，包含 Diffuse（漫反射）贴图、Normal（法线）贴图、Metallic（金属）贴图、Roughness（粗糙度）贴图、Ambient Occlusion（环境光遮蔽）贴图等，这些贴图会为场景中的模型提供大量的物理信息。PBR 流程相比手绘模型的制作效率有非常大的提升，是当下游戏制作的主流方法。

本书基于 PBR 流程，综合运用 Maya、ZBrush、xNormal、Substance Painter 和 Marmoset Toolbag 等软件，以项目实战的形式讲解了次世代游戏模型案例。此外，还制作了长达 1920 分钟的微课视频，完整呈现了案例的每个操作步骤，详细地讲解了书上的所有知识点。

本书由易到难、由简到繁，先讲解 Maya 的基本使用方法，然后逐步深入制作房屋基础案例，再次深入基于 PBR 流程制作了次世代弹药箱案例和次世代科幻武器案例。本书适合作为高等院校数字媒体技术、游戏设计、动画等专业的专业课教材，也可以作为培训机构的教学用书。

全书分为 3 部分，共 6 章。第 1 部分介绍 Maya 软件使用基础及基础案例，包括第 1 章～第 4 章。第 2 部分是 PBR 流程初级案例，即第 5 章，介绍次世代高仿真弹药箱案例。第 3 部分是 PBR 流程高级案例，即第 6 章，介绍次世代科幻武器案例。

各章主要内容如下：

第 1 章讲解了 Maya 的基本功能、Maya 的应用领域，重点讲解了次世代游戏的概念及 PBR 的标准化工作流程。

第 2 章讲解了 Maya 的用户界面构成，如何灵活变换操作视图，如何设置视图中对象的显示方式，还讲解了如何根据个性需求自定义工作界面。

第 3 章讲解了 Maya 的基本操作，包括 Maya 工程文件的管理，以及选择、变换、复制、显示与隐藏、布尔运算等常用且很重要的操作；讲解了 NURBS 曲面建模的方法，从点到线，再使用旋转、放样、双轨成型等方法生成曲面；讲解了多边形建模的方法；介绍了 Maya 轨迹化操作的技巧。

第 4 章讲解了房屋案例的制作过程，全流程使用 Maya 软件完成，包括文件的创建、房屋的建模、UV 映射、材质与纹理贴图、灯光设置和渲染输出，使用的命令涵盖了 Maya 的常用命令。读者掌握了该案例的制作方法，可以触类旁通，快速制作出类似的效果图。

第 5 章讲解了使用标准的 PBR 流程制作次世代高仿真弹药箱案例的过程，使用了 Maya、ZBrush、xNormal、Substance Painter 和 Marmoset Toolbag 等软件，详细讲解了弹药箱的中模制作、高模制作、低模制作、拆分 UV、烘焙贴图、在 Substance Painter 中绘制贴图、在 Marmoset Toolbag 中渲染输出等内容。读者通过该案例能够掌握 PBR 流程的各个环节，能够掌握各个软件的主要功能。

第 6 章讲解了基于 PBR 流程的次世代科幻武器案例的制作过程，进一步强化 PBR 流程的步骤，包括中模制作、高模制作、低模制作、拆分 UV、烘焙贴图、绘制材质贴图、渲染输出，强化游戏道具制作的标准方法。使用的主要软件包括 Maya、xNormal、Substance Painter 和 Marmoset Toolbag，某些案例需要用到 Photoshop 软件。读者通过该案例的深入制作，可进一步熟悉各个软件的使用方法。

本书由周彦鹏、张智勇主编，李丽红参与了编写和案例设计，最后由周彦鹏统稿并制作微课视频。本书提供了案例的源文件、最终效果图、素材、教学大纲、教学 PPT 等配套资源（可在清华大学出版社官网下载），还提供了微课视频（可扫描书中二维码观看）。在本书的编写过程中，作者参考了大量的书籍和资料，在此对原作者表示衷心的感谢。本书中引用了少部分来自网络的图片，由于种种原因没有联系到原作者，如果原作者看到可以联系本书作者。参考文献中列出了主要的参考资料，但限于篇幅，难免有不周到的地方，在此表示歉意。由于本书的编写时间仓促，难免出现疏漏，恳请广大读者和同行给予批评指正，以便日后加以改进。

在本书的写作和出版的过程中，得到了中影国漫（天津）教育科技有限公司和国家动漫园蚂蚁 CG 的技术支持和帮助，在此表示感谢；感谢我的父母、妻子和女儿在我写作过程中的鼓励和支持，是你们的鼓励让我能够坚持写作完成；感谢清华大学出版社的编辑们为本书出版付出的辛勤劳动。

编　者
2020 年 9 月

目录

第 1 部分　Maya 软件使用基础及基础案例

第 2 部分　PBR 流程初级案例

第 3 部分　PBR 流程高级案例

Maya软件使用基础及
基础案例

第 1 章　Maya 软件概述

本章概述

　　本章讲解 Maya 的基本功能和 Maya 的应用领域，重点讲解次世代游戏的概念及 PBR 的标准化工作流程。

学习目标

　　（1）了解 Maya 的基本功能。
　　（2）了解 Maya 的应用领域。
　　（3）理解次世代游戏的概念。
　　（4）掌握 PBR 的工作流程。

1.1　Maya 简　介

　　Maya 软件是 Autodesk 公司出品的三维动画和视觉效果制作软件。Maya 包括一套全面综合的工具，可用于各类三维内容的创建工作。Maya 软件按照实际应用中的工作流程进行了模块的划分，包括建模、灯光、材质、动画、动力学、绘制和渲染等模块。

　　在 Maya 中，可以采用多种建模方法创建和编辑三维模型，并使用 Maya 动画工具组为模型设置动画。Maya 还提供了多种工具用于渲染三维场景，以制作出照片级的图像和影视级别的动画视觉效果。

　　可以使用 Maya 的动力学工具来模拟现实场景中的视觉特效。使用 Maya 的流体工具组，可以模拟并渲染黏性流体、大气、烟火和海洋效果等。使用 Maya 的 nCloth 工具组可以创建织物和服饰。使用 Maya 的 nParticles 工具组则可以模拟一系列的粒子效果，包括液体、云、烟、喷雾和灰尘等。

　　为了适应不同用户的使用习惯，Maya 软件的界面允许自定义。使用 Maya 的嵌入式语言（Maya Embedded Language，MEL），用户能够实现软件功能的扩展，可以自定义用户界面并编写脚本和宏。此外，Maya 还为有需要的用户提供了基于 Python 的 Maya API，用于增强 Maya 的功能。

1.2　Maya 的基本功能

　　Maya 中的操作通常可分为以下类别。

　　（1）创建模型。常用两种建模方法，即多边形建模和 NURBS 曲面建模。使用不同建模方法会生成不同的对象类型，可根据项目需要和模型特点选择使用哪种建模方法。多边形是由顶点、边和面组成的，可以通过创建多边形基本体来构建模型，如球体、立方体、圆柱体等，再通过修改这些基本体的属性创建出更复杂的模型。NURBS 是一种基于基本几何体和绘制曲线的三维建模框架，可以通过 NURBS 基本体构建模型，也可以通过构建 NURBS 曲线来定义模型的基本轮廓，然后使用一定的成形方法生成三维模型。

（2）角色绑定。在为场景中的角色和对象设置动画之前，需要对对象应用相应的约束和变形器。定义角色内部骨架并将蒙皮绑定到角色，可以创建出逼真的具有变形效果的动画，如图 1.1 所示。

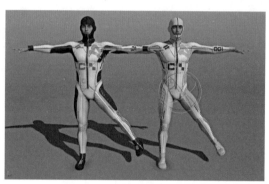

图　1.1

（3）动画。Maya 中的几乎一切内容都可以设置关键帧或者动画。

（4）动力学、流体和其他模拟效果。Maya 中一整套工具，可以模拟现实世界中的火焰、爆炸、流体、皮毛及对象碰撞等效果。

（5）Paint Effects。Paint Effects 中内置了很多种笔刷，选择其中一种笔刷，在场景中能够实时绘制出真实的效果，如植物、头发、火焰、羽毛、油画、彩色粉笔画和水彩画等。在二维画布上使用笔刷可以绘制出复杂的图像，如树木或花朵。在场景中使用笔刷可以按照三维的形式绘制出实体模型。图 1.2 所示为直接使用不同的笔刷绘制出来的三维模型。

图　1.2

（6）灯光、材质和渲染。制作好的场景需要添加照明来模拟出真实世界的光影状态，可以添加平行光、天顶光、聚光灯、点光源等，并可以任意调整灯光的强度、位置、阴影等属性。材质用来定义对象的基质。材质的基本属性包括颜色、透明度和光泽度等。渲染是计算机三维图形生成过程中的最后阶段，可以渲染场景或动画的静态图像或影片，可以自行选择软件渲染器、Arnold 渲染器等。图 1.3 所示为设置了灯光、赋予了模型材质的场景，通过调节参数能够实时看到变化效果。

图　1.3

1.3　Maya 软件的应用领域

· · · · · · ·

Maya 功能完善，操作灵活，易学易用，制作效率极高，渲染真实感极强，是电影级别的高端制作软件，常被用在影视动画、游戏开发、产品可视化等领域。

1 影视动画方向

Maya 是电影数字艺术家的首选工具，它在造型、灯光、材质、动画、特效等各个方面都有优异的表现，在影视动画领域获得了广泛的应用，充分发挥了艺术家的想象力和表现力，为艺术家开拓了更广阔的创意空间。图 1.4 所示为影视方面的应用截图。

图　1.4

2 游戏开发方向

Maya 软件拥有强大的工具包，能够很方便地制作并管理大规模的层级物体，可以制作出魔幻美丽的角色、道具和场景模型，因此 Maya 被广泛应用于游戏制作方面。图 1.5 所示为使用 Maya 制作的次世代游戏角色造型。

图   1.5

3 建筑、工业产品可视化方向

Maya 是一款制作三维动画、三维特效，并能够提供高质量渲染的综合性软件。Maya 还提供了功能超凡的表达式，建筑设计师、产品设计师、架构师、可视化设计师等都能够使用。还可以把 Maya 与 Photoshop、AutoCAD 等其他制作工具集成在一起，快速融合到可视化工作的流程中。图 1.6 所示为工业产品可视化的作品。

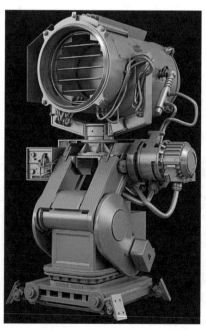

图   1.6

1.4　次世代和 PBR 工作流程

• • • • • • •

次世代是"下一代"的意思。"次世代"游戏指游戏的画面、玩法等方面都有了重大的进步，就像人类从农耕时代迈入蒸汽机时代一样，是画质更高、特效品质更高、动作和场景更逼真的新一代游戏。人类是追求视觉效果的动物，无论是单机游戏还是网络游戏，人们对于极致画面效果的追求是永远不会停息的。次世代建模中大量使用了实时计算的法线贴图，能够使画面呈现出前所未有的细节效果。

在游戏制作的应用场景中，有两种建模方法，一种是手绘建模，另一种是次世代 PBR 流程的建模。

1 手绘建模

手绘建模的一般流程如下。

（1）在三维软件中制作低模。

（2）在 Photoshop 中绘制贴图。

手绘流程在 15 年以前的游戏制作中比较常见。手绘模型的特点就是所有的颜色、光影关系和材质表现都通过手绘贴图的方式实现。手绘流程是早期的游戏制作流程，受限于机器性能不足，很多硬件设备并不能承受比较多的图片带来的内存压力，以及基于物理的算法、全局光照等计算压力，所以一般只使用一张 Diffuse（漫反射）贴图来描述模型外观，这就导致阴影和高光信息必须是画在 Diffuse 贴图上的。也就是说，当场景中的光相对于模型的方向发生改变，或者摄像机位置发生改变时，高光和阴影并不会发生改变，并且由于没有高光方面的参数输入，所以材质无法构建合理的反射，而金属这类物质如果没有反射，效果就不能真实呈现出来。例如，当年《魔兽世界》游戏中的模型就只使用了 Diffuse 和 Specular（高光）进行渲染，当改变镜头视角时，模型的高光位置可以改变，但是阴影位置不发生变化。经过十几年的软硬件更新迭代，现在回头看当年的画面效果还是不尽如人意的。

2 次世代 PBR 流程建模

次世代 PBR 建模的一般流程如下。

（1）在 Maya 中制作中模。

（2）在 ZBrush 中制作高模。

（3）拓扑低模。

（4）在 xNormal 或者 Substance Painter 中烘焙贴图。

（5）在 Substance Painter 中制作贴图。

（6）在 Marmoset Toolbag（八猴）中渲染输出。

现在的游戏场景越来越宏大，人物角色越来越多，而游戏能够承载的资源量是有限的，且不同的项目对计算机硬件设备有不同的要求。为了使市面上大部分的设备能够顺畅地运行高达上千万个面的模型，又能呈现出唯美极致的画面效果，就必须把高模拓扑成低模，以减少模型的面数，再贴上高模的细节效果贴图。这样游戏画面中使用的是面数较少的低模，但是呈现出来的是高模的细致效果，最终画面产生了更好的光影关系和更加真实的细节。

PBR 是 Physically Based Rendering 的缩写，也就是基于物理的渲染。这种渲染方式通过贴图来定义材质的属性及表面的光泽，让人很容易明确区分不同的材质，效果更加真实自然。使用 Substance Painter 软件可制作符合 PBR 标准的贴图，包含 Diffuse 贴图、Normal（法线）贴图、Metallic（金属）贴图、Roughness（粗糙度）贴图、Ambient Occlusion（环境光遮蔽）贴图等，这些贴图为场景中的模型提供了大量物理信息。

Normal 贴图提供模型表面的凹凸信息，能够使模型随着观察视角的变化而发生变化；Ambient Occlusion 贴图提供遮蔽阴影信息，能够体现出模型之间的素描阴影关系；Metallic 贴图提供材质接近金属程度的信息；Roughness 贴图提供了材质上的粗糙度信息等。所有这些信息使基于物理的渲染成为可能，我们可以根据这些信息计算出实时变化的阴影、高光、反射、菲涅耳效应，可以让模型在不同的光照环境下都能自动得到比较合理的光照表现。

此外，这种基于物理的理念也降低了美术人员制作材质时的难度。在手绘时代，如果想获得效果很好的阴影、高光、材质表现，需要大量的手绘练习，相当于在模型上绘画，需要绘画功底，而现在使用 PBR 流程只需在软件中通过调节参数至合适的物理值，就能自动渲染出预想的材质效果，并且能够实时看到最终的材质效果。PBR 流程相比手绘模型的制作效率有非常大的提升，PBR 流程也是当下游戏制作的主流方法。

1.5 要点总结

本章讲解了 Maya 软件的基本情况、基本功能和应用领域，重点介绍了次世代的概念和标准化的 PBR 工作流程。读者要理解 PBR 流程的原理及制作步骤。

第2章 Maya 的用户界面

本章概述

本章讲解 Maya 的用户界面构成、灵活变换操作视图、视图中对象的显示方式，以及如何根据用户的个性需求自定义 Maya 的工作界面。

学习目标

（1）熟悉 Maya 的界面。
（2）能够灵活变换视图。
（3）熟练切换对象的显示方式。
（4）掌握自定义工作界面的方法。

2.1　Maya 的界面构成

图 2.1 所示为 Maya 的工作界面。

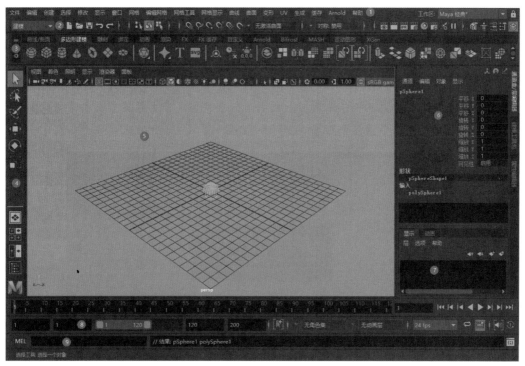

图　2.1

1 菜单栏

Maya 的命令非常多，在菜单栏中以分组、分模块的形式放置。菜单按照功能模块分为【建模】组、【绑定】组、【动画】组、【FX】组、【渲染】组。切换菜单模块，菜单内容也会发生变化，其中【文件】【编辑】【创建】【选择】【修改】【显示】【窗口】【帮助】8 个菜单是固定不变的公共菜单，不会随着菜单模块的切换而变化，如图 2.2 所示。

图 2.2

2 状态栏

状态栏位于菜单栏的下方，包含使用频率很高的命令，如菜单选择器、文件管理、对象选择、捕捉、构造历史、渲染等。状态栏可以通过垂直分割线展开或者收拢按钮组。

3 工具架

工具架上分组放置了各个模块常用的工具，都以按钮的形式显示，直接单击即可使用。用户也可以自定义工具架，把常用的工具放置在自己创建的工具架组中，以方便操作。方法是按住键盘上的 Ctrl+Shift 键，单击菜单栏中的命令，如单击【历史】命令、【中心枢轴】命令等。还可以把各种操作语句作为工具放置在工具架上，以简化操作流程。在第 6 章科幻武器的制作中会用代码自定义一个快捷工具放置在工具架上，如图 2.3 和图 2.4 所示。

图 2.3

图 2.4

4 工具箱

工具箱用于放置常用的操作工具和切换视图布局，包括选择工具（快捷键为 Q）、套索工具、移动工具（快捷键为 W）、旋转工具（快捷键为 E）、缩放工具（快捷键为 R）等。Maya 软件预设了很多窗口的布局形式，用鼠标右键单击视图布局按钮，会弹出很多窗口布局的形式供选择。

5 工作区

工作区是 Maya 中完成各项工作的重要区域，用于查看和编辑场景中的对象。工作区常用的视图有透视图、顶视图、侧视图、前视图等。通常在视图窗口显示单个视图，并在其中完成编辑工作。还可以同时显示多个视图，可以在工具箱的面板布局选项中自定义视图的显示样式。

6 建模工具包、通道盒和属性编辑器

建模工具包、通道盒和属性编辑器都位于界面的右侧，可以通过单击右侧栏的按钮进行切换。如图 2.5（a）所示。建模工具包包括建模常用的选择模式、命令和工具、变换工具等，常用的建模工具都包括在内，便于快速选择命令并完成操作。如图 2.5（b）所示，通道盒里包括变换属性、关键帧设置、选定对象的属性等。如图 2.5（c）所示，属性编辑器里包括比通道盒更为完整的命令，可以编辑更多的属性信息。

（a）　　　　　　　（b）　　　　　　　（c）

图　2.5

7 层编辑器

层编辑器包括【显示】和【动画】选项卡。【显示】选项卡用于管理场景中的对象，可以按层选择对象，控制对象的显示、隐藏等，可以将不同类别的对象做分层。在 PBR 制作流程中，需要制作中模、高模和低模，为了便于区分，会将不同的模型放置在不同的层中，并以相应的命名区分。通过单击每一层的第一个框来控制层的显示或者隐藏。用户可以将层设置为模板，可以一次性将一个对象或多个对象添加到显示层内，一个对象只能被添加到一个层内。

先创建新层，然后选择对象，再在新层上右击，在弹出的快捷菜单中选择【添加选定对象】命令，即可将对象添加到新层中，如图 2.6 所示。

图 2.6

8 时间控制器、范围滑块、播放控件

视图下方是制作动画要用到的时间控制器、范围滑块、播放控件等。时间控制器用于显示可用的时间范围，可以以红线显示设置的动画关键帧，可以拖动滑块预览动画。范围滑块可以左右拖动，以灵活限定动画的开始和结束时间。范围滑块的设定会影响到时间控制器可设置时间的长短。播放控件用于控制动画的播放，控制关键帧的跳转等。

9 命令行、帮助行

命令行用于输入并运行 Maya 的 MEL 命令。MEL 命令行的左文本框用来输入命令，右文本框可以显示系统的回应信息、错误信息和警告信息等。对于重复的工作，可以借助 Maya 的脚本编辑器来完成，将一系列命令输入脚本编辑器中，把复杂的任务简化。Maya 的脚本编辑器支持 MEL 和 Python 语言。

帮助行用于提示当前所选工具的使用方法。当把鼠标指针放置在某个命令上时，帮助行会提示该命令的功能及操作方法，在学习软件的初期非常有用，如图 2.7 所示。

图 2.7

2.2 灵活变换视图

1 视图布局的切换

Maya 中的视图分为两种：一种是空间视图，如透视图、顶视图、摄像机视图等；另一种是窗口编辑器，如曲线图编辑器、UV 编辑器等。

在空间视图中，诸如前视图、顶视图等正交视图是没有透视的，在正交视图中不能进行视图的旋转操作，并且在推拉摄像机时场景没有透视变化。在透视图中可以通过【视图】>【预定义书签】命令标记任意的视角，以书签的形式保存下来，方便以后切换使用。

使用【面板】菜单中的命令可以切换视图的布局样式，如图 2.8 所示。

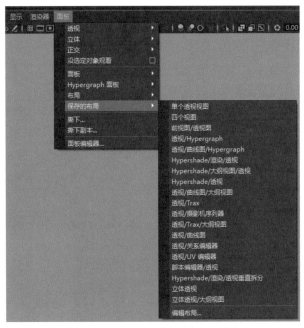

图　2.8

除了使用【面板】菜单中的命令切换视图布局之外，还可以按键盘上的空格键在多视图和单视图模式之间切换。也可以按住空格键不放，在弹出的热盒中间的 Maya 上按住鼠标左键或右键，选择要切换的视图，如图 2.9 所示。

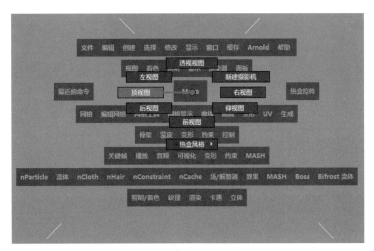

图　2.9

② 视图的控制

将 Alt 键与鼠标左键、中键、右键组合使用，可实现对视图的旋转、平移、缩放等操作。

Alt+ 鼠标左键：可以在工作区内进行旋转视图的操作。

Alt + 单击鼠标中键：可以在工作区内进行平移视图的操作。

Alt + 鼠标右键：可以在工作区内进行缩放和推移操作。

在视图中选择对象，然后按 F 键，可以在当前视图中最大化显示所选对象。按 A 键，可以最大化显示当前视图中的全部对象。

2.3　视图中对象的显示设置

1　着色模式

在视图窗口的【着色】菜单中可以选择对象的显示方式，如图 2.10 所示。下面介绍常用的着色模式。

图　2.10

【线框】模式以网格方式显示对象。

【对所有项目进行平滑着色处理】模式使用平滑的实体方式来显示所有的曲面、网格和粒子，如图 2.11 所示。

【对所有项目进行平面着色】模式使所有的曲面和网格以非平滑实体的方式显示，如图 2.12 所示。

图　2.11

图　2.12

【着色对象上的线框】模式使视图中的所有对象同时显示实体和线框结构，也就是不管是否选择对象，在实体模式下都会同时显示出深蓝色的线框，如图 2.13 所示。

【X 射线显示】模式使对象以半透明的方式显示，这样能够看到模型中被遮挡的部分，在项目制作过程中经常会用到，如图 2.14 所示。

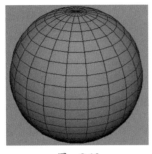 

图　2.13　　　　　　　　　　图　2.14

【背面消隐】模式不显示对象的背面，对于模型较多的场景，打开【背面消隐】着色模式能够明显加快刷新速度。

2 照明方式

在视图窗口的【照明】菜单中可以选择对象的照明方式，如图 2.15 所示。

【使用默认照明】使用默认的灯光将视图中的对象照亮。

【使用选定灯光】使用所选择的灯光照亮模型曲面。

【双面照明】会照亮对象的内表面和外表面，对对象的内表面也进行照明处理，当摄像机放置在对象内部时也有照明效果。关闭双面照明时模型内部是黑色的。

图　2.15

3 显示控制快捷键

按键盘上的 1 键（主键盘区和小键盘区的数字键都可以，后同），打开低质量显示模式。

按键盘上的 2 键，打开中质量显示模式。

按键盘上的 3 键，打开高质量显示模式，模型会平滑显示。

按键盘上的 4 键，打开网格显示模式，会显示模型的线框。

按键盘上的 5 键，打开实体显示模式。

按键盘上的 6 键，打开纹理显示模式，会显示模型的纹理。

按键盘上的 7 键，打开灯光显示模式，会显示灯光效果。

各种显示模式的效果如图 2.16 所示。

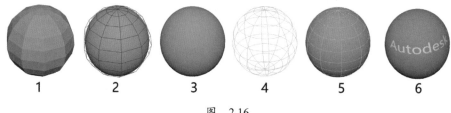

图　2.16

2.4　自定义工作界面

1 自定义 UI 元素

为了迎合用户不同的使用习惯，Maya 允许自定义工作界面。用户可以根据需要把不常用的界面元素隐藏起来，根据自己的习惯和显示器的大小来定制界面元素的显示。可以单击【窗口】>【设置 / 首选项】>【首选项】命令，在弹出的"首选项"窗口左侧单击【UI 元素】选项，通过在窗口右侧选中或取消选择对应的选项来打开或隐藏界面元素，如图 2.17 所示。或者直接选择【窗口】>【UI 元素】菜单中的命令来控制显示或隐藏的界面元素。

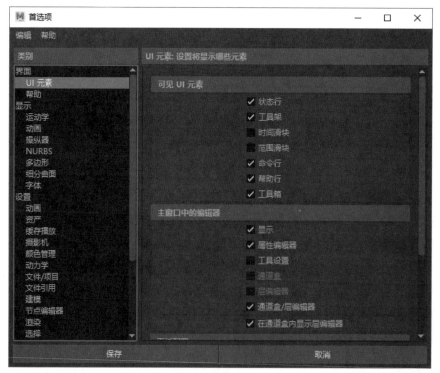

图　2.17

在【窗口】>【工作区】菜单中，系统根据特定功能预置了配套的工作区，用户可以根据不同的操作步骤，如建模、UV 编辑、绑定、动画、渲染等选择相应的工作区，预置的工作区会显示出对应的常用 UI 元素，如图 2.18 所示。Maya 窗口的右上角也有【工作区】选项，用户可以单击该下拉列表框进行选择。

图　2.18

3 自定义界面的外观颜色

用户可以按 Alt+B 快捷键，快速切换视图窗口的背景颜色。也可以单击【窗口】>【设置 / 首选项】>【颜色设置】命令，在弹出的【颜色】窗口中自定义用户界面、视图背景色等，如图 2.19 所示。

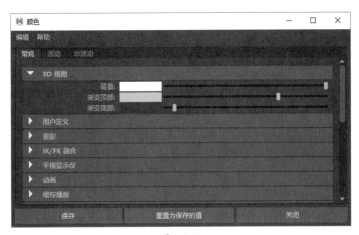

图　2.19

2.5 要点总结

• • • • • • •

　　本章介绍了 Maya 的界面构成，详细讲解了常用的界面元素；介绍了视图的切换及控制等内容；介绍了视图中对象的着色模式、照明方式、显示控制快捷键；讲解了如何自定义界面元素、预置工作区、自定义界面的外观颜色等内容。

第 3 章 Maya 的基本操作

本章概述

本章重点讲解 Maya 软件的基本操作方法，Maya 工程文件的管理，选择、变换、复制、显示与隐藏、布尔运算等常用且很重要的操作；讲解 NURBS 曲面建模、多边形建模的方法；介绍 Maya 轨迹化操作的技巧。

学习目标

（1）掌握 Maya 软件的基本操作方法。
（2）掌握 NURBS 曲面建模、多边形建模的常用操作。
（3）掌握 Maya 的轨迹化操作技巧。

3.1 Maya 的文件管理

在 Maya 软件中制作的文件都是以项目的形式进行管理的，安装 Maya 软件时会自动在"我的文档"文件夹中创建名称为 maya 的文件夹作为工程目录，其中包括运行软件所需的参数及环境设置，还包括与项目有关的文件、数据等。其中的 project 文件夹是一个或多个场景文件的集合，用于存放与项目相关的文件，如场景、声音、渲染、纹理、粒子缓存和动画文件等。这种将一个项目的所有文件都存放在一个工程目录中的方式便于文件的管理。

1 创建项目

通常不在默认的目录中放置项目文件，制作项目之前需先在指定的路径中创建一个工程目录。单击【文件】>【项目窗口】命令，在弹出的窗口中单击【新建】按钮，可以设置当前项目的名称，指定文件放置的路径，如图 3.1 所示。下面的【主项目位置】是项目目录中的子目录，每个文件夹放置一个类别的文件，这些文件夹的名称可以自定义。其中【场景】文件夹用于放置 Maya 的场景文件，一般是 .mb 格式；【图像】文件夹用于放置渲染的图像；【源图像】文件夹用于放置 Maya 场景用到的文件贴图，如天空贴图、地面贴图等；【渲染数据】文件夹是系统进行渲染的时候自动保存的一些文件，这些文件可以删除。

设置完毕之后，单击【接受】按钮，即可在指定的路径中创建新的 Maya 项目工程文件。

2 设置项目

在 Maya 中制作项目的时候，首先要创建一个项目，然后将当前的工作环境设置成此项目，这样在保存场景和其他文件的时候，会自动保存在此项目的指定路径中，子目录中包括与该项目相关的所有文件信息。

图　3.1

如果要打开某个 Maya 项目文件，首先要设置相应的项目，把当前的工作环境设置成要打开的项目，否则可能会找不到贴图文件。

单击【文件】>【设置项目】命令，在弹出的【设置项目】对话框中选择要指定的项目目录名称，单击【设置】按钮，即可指定项目位置，如图 3.2 所示。

图　3.2

③ 打开项目

设置好项目之后，单击【文件】>【打开场景】命令，在弹出的对话框中，系统会自动将目录指定给项目文件的 scenes 文件夹，选择其中的文件，再单击【打开】按钮即可，如图 3.3 所示。

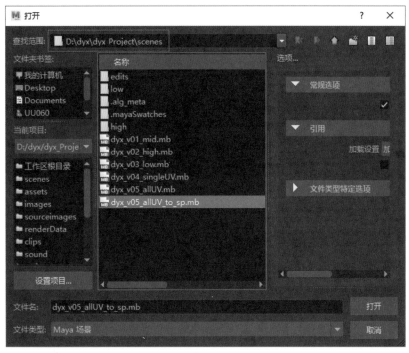

图　3.3

3.2　选择与变换操作

使用 Maya 进行创作的时候，要熟练掌握场景的基本操作，包括选择、移动、旋转、缩放等操作。

① 选择对象

要对场景中的对象进行修改，首先要选择对象。选择对象常用的方式有 3 种：一是单击选择，配合键盘上的 Shift 键可以加选对象，配合 Ctrl 键可以减选对象；二是在视图中框选对象，可以通过鼠标拖曳出长方形区域来选择，也可以使用套索工具绘制任意形状的区域进行选择；三是通过大纲视图进行选择，大纲视图中会显示出场景中创建的每一个对象的名称，通过单击对象名称进行选择。

② 使用操纵轴变换对象

Maya 的变换操作包括移动、旋转和缩放，快捷键依次是 W、E 和 R 键，按 Q 键会回到选择工具。图 3.4 所示为 3 种变换操作的图标，其中红色对应的是 X 轴向，绿色对应的是 Y 轴向，蓝色对应的是 Z 轴向。单击某一个轴向并拖动，就会在相应的轴向改变对象的位置、角度和大小。在移动和缩放操纵轴时，在当前视角中看到的红、绿、蓝 3 个菱形分别代表 YZ 平面、XZ 平面、XY 平面，直接单击并拖动，会在相应的坐标平面内做移动或缩放操作。拖动 3 个图标的中心轴点位置，会使对象做整体的位置移动、角度自由变换和缩放。

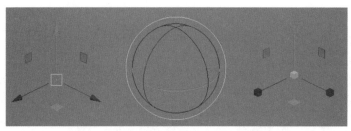

图　3.4

3 使用精确值变换对象

可以在通道盒中输入精确的数值变换对象，也可以在文本框中输入精确的数值变换对象，单击文本框前面的图标可以选择以绝对值变换或者以相对值变换，在 X、Y 和 Z 文本框中输入数值，可以精确变换对象的空间位置，如图 3.5 所示。

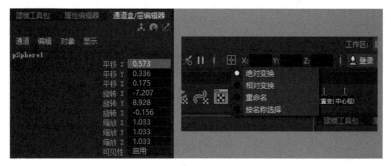

图　3.5

3.3　复　制　操　作

复制操作用于创建对象的多个副本，先选择对象，然后单击【编辑】菜单中的【复制】组命令，即可实现复制。按 Ctrl+D 快捷键会原地复制对象，按 Shift+D 快捷键会复制并变换对象，如图 3.6 所示。

图　3.6

要制作图 3.7 所示的链条，操作步骤如下：

步骤/01 创建一个【圆环体】，压扁成一节链条的样子，单击【修改】>【冻结变换】命令，将模型变换属性回归原始状态。

步骤/02 按 Ctrl+D 快捷键复制链条。

步骤/03 在通道盒中设置【旋转 Y】值为 90，即沿 Y 轴旋转 90°，再沿 Y 轴向下移动复制出的链条，使其与第一节链条咬合上。

步骤/04 反复按 Shift+D 快捷键，即可得到如图 3.7（e）所示的链条模型。Shift+D 快捷键既记录了旋转操作也记录了平移操作，按键时会同时执行这两步操作，这正是制作链条所需要的。

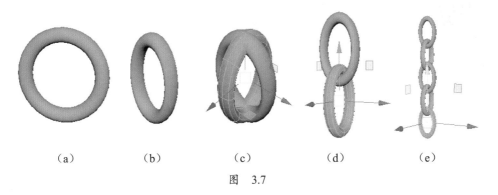

（a）　　　（b）　　　（c）　　　（d）　　　（e）

图　3.7

选择对象，单击【编辑】菜单中的【特殊复制】命令后面的方框，弹出【特殊复制选项】窗口，可以做更为丰富的复制操作。【几何体类型】选项组中的【复制】选项是普通的对象重复，而【实例】选项代表关联复制，关联复制出来的实例对象和原始对象之间是有关联关系的，当原始对象发生变化时，实例对象也会同步变化，制作对称的模型时就可以选择【实例】选项。图 3.8 所示是矩阵复制，图 3.9 所示是关联复制，关联复制后的两个模型同步变化，选择其中一个模型的一个面，另一个模型的面也会被选中。

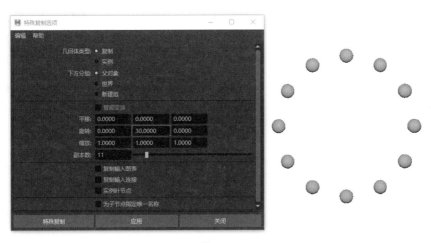

图　3.8

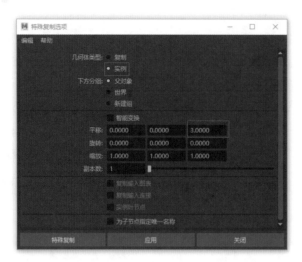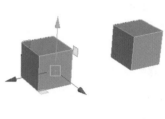

图　3.9

3.4　显示与隐藏操作

　　当场景中对象较多的时候，容易产生误操作，此时可以通过显示或者隐藏命令来控制对象的显隐，以方便操作。

　　选中视图中需要隐藏的对象，单击【显示】>【隐藏】>【隐藏当前选择】命令，或者按 Ctrl+H 快捷键，可将所选择的对象隐藏起来。

　　单击【显示】>【显示】>【显示上次隐藏的项目】命令，即可将上一步隐藏的对象重新显示出来。

　　也可以通过大纲视图中的对象名称选择对象，结合快捷键控制对象的显示和隐藏。大纲视图中名称以灰色显示的对象代表隐藏，隐藏的对象可以通过大纲视图选中，只是在视图中看不到。单击灰色名称，按 Shift+H 快捷键，即可将当前选择的对象在视图中显示出来。同样，在大纲视图中选择需要隐藏的对象名称，按 Ctrl+H 快捷键，即可将对象隐藏，如图 3.10 所示。

图　3.10

3.5　对齐与捕捉操作

　　对齐与捕捉操作可以相对多个对象或相对激活曲面精确地控制对象的位置。使用"移动工具"和各种创建工具时，可以捕捉到场景中的现有对象。要想成功捕捉到目标处，需要配合捕捉命令，并在要捕捉到的对象上单击鼠标中键。

1 捕捉操作

图 3.11 所示是捕捉到某个元素的按钮功能。

第一个按钮功能是捕捉到栅格交点，按住 X 键可以激活，释放 X 键就会失效，如果一开始通过单击按钮激活捕捉到栅格功能，那么按住 X 键会失效，释放 X 键会激活。

第二个按钮功能是捕捉到曲线，按住 C 键可以激活。

第三个按钮功能是捕捉到 CV 点、顶点或轴，按住 V 键可以激活。

第四个按钮功能是捕捉到几何体中心。

第五个按钮功能是捕捉到视图平面。

第六个按钮功能是捕捉到曲面。

图　3.11

2 对齐操作

对齐对象是 Maya 中经常会用到的操作。

1）修改枢轴点位置

用户可以先改变对象的枢轴点位置，再做对齐操作。改变对象的枢轴点位置通常有两种方法：一种是按住键盘上的 D 键进入编辑枢轴模式，再配合捕捉到栅格点、顶点等功能来完成操作；另一种是按键盘上的 Insert 键，激活编辑枢轴模式，再指定新的枢轴点位置。

要将枢轴点恢复至原来的中心位置，需要执行【修改】>【中心枢轴】命令。

2）做对齐操作

下面举例说明对齐操作的具体方法。创建两个立方体，按 D+V 组合键，激活编辑枢轴和捕捉到顶点功能，单击鼠标中键指定枢轴点至模型的一个顶点上。再按住 V 键激活捕捉到顶点功能，在要对齐的目标点位置按住鼠标中键并晃动鼠标，即可将两个立方体对齐。若在对齐之前未选择单轴向，则以整体进行对齐，如果对齐之前选择某个轴向，则会将所选的轴锁定，沿着所选的轴做单向的对齐，如图 3.12 所示。

图　3.12

将图 3.13 所示的点捕捉到栅格点上，按住 X 键激活捕捉到栅格点功能，再在某个栅格点位置按住鼠标中键并晃动，即可对齐至该栅格点。

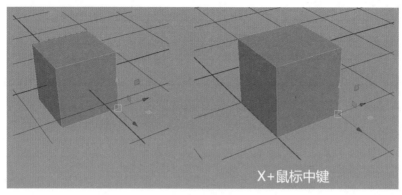

图 3.13

3.6 布尔运算

· · · · · · ·

有些形状很难通过其他技术进行建模，通过布尔运算，可以组合对象来制作形状。可以对多个对象执行并集、差集或交集操作，以创建复杂的新形状，如图 3.14 所示。

交集是两个网格的共享体积，布尔操作依靠交集来确定布尔结果。并集从外观看是两个网格的外表面，其实是两个网格的面减掉交集的面。差集是用第一个选定网格的面减去交集的面，加上第二个选定网格的面的交集部分，如图 3.15 所示。

图 3.14

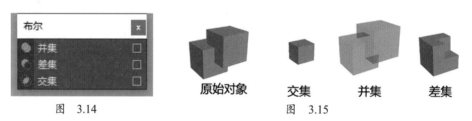

原始对象　　交集　　并集　　差集

图 3.15

在执行布尔运算之前，要确保对象的法线都指向正确的方向。布尔操作会按照法线的方向来确定曲面是向内还是向外。如果反转法线，则布尔操作也将反转。判断面的法线方向最简单的方法是将【双面照明】关闭，此时反向法线的面将以黑色显示。要统一法线方向，可选择反向的面并执行【网格显示】>【反向】命令，或者执行【网格显示】>【一致】命令使法线变得一致，这样才能生成正确的布尔结果，如图 3.16所示。

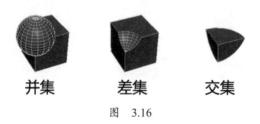

并集　　　差集　　　交集

图 3.16

3.7 NURBS 曲面建模

1 NURBS 概述

NURBS 即非均匀有理 B 样条曲线（Non-Uniform Rational B-Splines），是一种可以用来在 Maya 中创建 3D 曲线和曲面的几何体类型。使用 NURBS 构建曲面的曲线具有平滑和最小特性，它对于构建各种有机 3D 模型十分有用。NURBS 曲面广泛运用于动画、游戏、科学可视化和工业设计领域。

在 Maya 中完成的 NURBS 曲面模型，可以导出为 IGES 文件格式，再导入其他三维软件中。同样，Maya 也可以导入 IGES 格式的文件。

如果要求在场景中使用多边形曲面类型，则可以先使用 NURBS 构建曲面，再执行【修改】>【转化】>【NURBS 到多边形】命令将其转化为多边形模型。

一般通过两种方法制作 NURBS 模型。一种是在【创建】>【NURBS 基本体】子菜单中选择需要的基本体模型来构建三维模型，如图 3.17 所示。另一种是先绘制曲线，然后使用曲线构建三维模型，再通过修改和编辑绘制的曲线来更改曲面的造型。

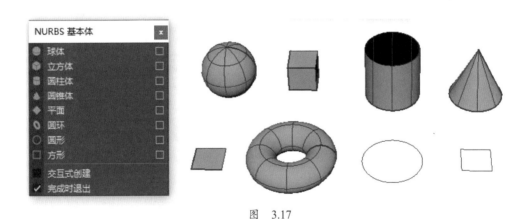

图　3.17

2 创建并编辑 NURBS 曲线

打开【创建】>【曲线工具】，工具组中列出的是创建曲线的工具，如图 3.18 所示。其中【CV 曲线工具】使用频率最高，CV 曲线是控制点曲线，使用放置的 CV 控制点来控制曲线的形态。

如果在正交视图（前视图、顶视图或侧视图）中绘制曲线，曲线将放在对应的视图平面上。如果在透视视图中绘制曲线，曲线将放在栅格平面上。

绘制 CV 曲线的基本步骤如下。

（1）选择【CV 曲线工具】。

（2）在视图中单击，以放置 CV 控制点。第一个点显示为一个小方框，第二个点显示为"U"代表方向，第三个是实心圆点，放置第四个点的时候会看到绘制的曲线形状，而在控制点之间的折线是壳线。

（3）若要移除放置的最后一个点，可以按键盘上的 Delete 键。

（4）按回车键完成 CV 曲线的绘制，如图 3.19 所示。

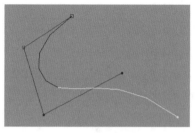

图 3.18   图 3.19

【EP 曲线工具】是编辑点曲线工具，与 CV 曲线不同，EP 曲线绘制的点都在曲线上，如图 3.20 所示。

3 常用的曲面成形方法

要将二维的曲线转变成三维模型，需要使用一些成形方法来实现，如放样、旋转、挤出、双轨成形、倒角等，如图 3.21 所示。

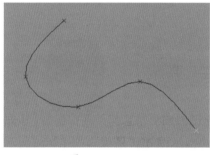

图 3.20   图 3.21

1）放样

【放样】命令可以将绘制的曲线作为模型的横截面，在这些截面图形之间生成曲面，从而生成 NURBS 曲面。如图 3.22 所示，先绘制一个圆形，再复制并调整大小，按照从上到下或者从下到上的顺序依次选择圆形，然后执行【放样】命令，即可生成花瓶模型。在不删除历史的情况下，调整之前绘制的曲线大小，花瓶曲面模型也会随之改变大小。

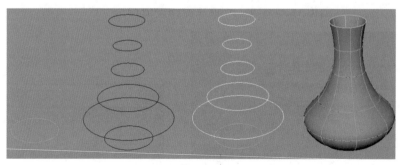

图 3.22

2）旋转

使用【旋转】成形方法制作一个高脚杯，在前视图中，使用【CV 曲线工具】创建如图 3.23（a）所示的高脚杯一半的剖面图，执行【旋转】命令，默认以 Y 轴为旋转轴做旋转扫描，即可生成高脚杯模型，如图 3.23（c）所示。

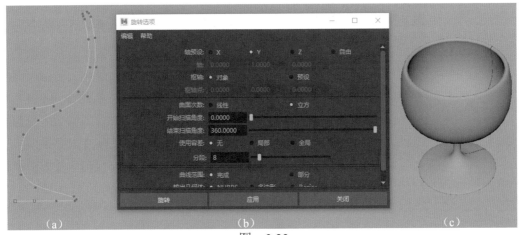

图 3.23

3）挤出

使用【挤出】成形可以使曲线沿指定的方向挤出一定的长度，也可以创建一条截面线和一条路径线，让截面线沿着路径线扫描生成 NURBS 曲面模型。如图 3.24 所示，创建一个圆环，打开【挤出选项】窗口，选中【距离】选项，将【挤出长度】设置为 4，可以沿剖面法线方向挤出一个圆柱体。

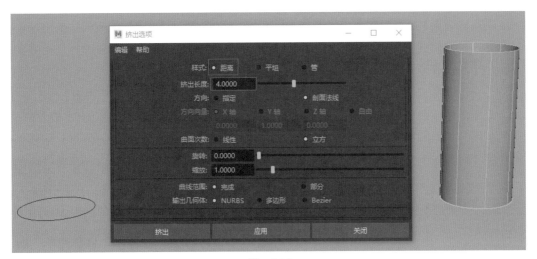

图 3.24

先创建一个截面圆，再创建一条路径曲线选中圆形，再按住 Shift 键加选路径线，打开【挤出选项】窗口，将【样式】设置为【管】，【结果位置】分别选择【在剖面处】和【在路径处】，效果如图 3.25 所示。

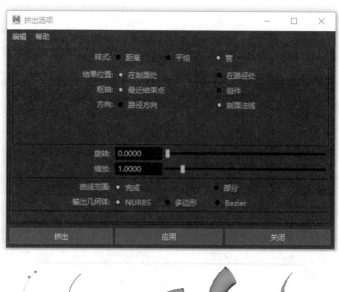

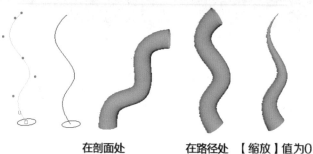

在剖面处　　　　　在路径处　【缩放】值为0

图　3.25

4）双轨成形

【双轨成形】是沿着两条轨道路径曲线扫描一条或多条剖面曲线生成曲面的方法，其中有三种双轨成形工具，如图 3.26 所示，可以根据曲面的复杂程度来选择使用哪种工具。【双轨成形】工具要求剖面线和路径线是相交的关系。

【双轨成形 1 工具】的应用：

需要创建两条路径线和一条剖面曲线。使用【EP 曲线工具】在前视图创建一条任意的曲线，按 Ctrl+D 快捷键复制一条曲线，切换至顶视图调整两条线的位置。切换至透视图，再次使用【EP 曲线工具】，按住 C 键激活点捕捉功能，在其中一条路径线的一端单击以捕捉端点，紧接着切换至左视图，继续绘制曲线，绘制最后一个点的时候再次打开点捕捉功能，与另一条路径线的端点对齐，如图 3.27 所示。

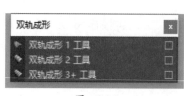

图　3.26

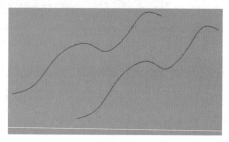

图　3.27

选择【双轨成形1工具】，按照命令行的提示，先选择剖面线，再选择两条路径线，即可生成曲面，如图3.28所示。

【双轨成形2工具】的应用：

在上述操作的基础上再添加一条剖面线，同样与路径线的两端对齐，如图3.29所示。

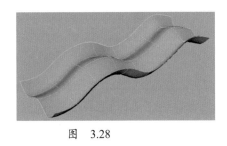

图　3.28　　　　　　　　　　　图　3.29

选择【双轨成形2工具】，按照命令行的提示，先选择两条剖面线，再选择两条路径线，即可生成曲面，如图3.30所示。

观察以上曲面可以发现，曲面上的布线并不均匀，这是由于生成曲面的曲线段数不同，重新选择两条剖面线，执行【曲线】>【重建】命令，打开【重建曲线选项】窗口，设置【跨度数】为12段。选择两条路径线，做同样的【重建】操作。曲线段数一致后，曲面的布线就均匀了，如图3.31所示。

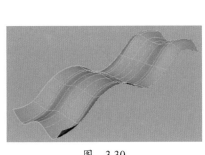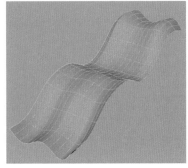

图　3.30　　　　　　　　　　　图　3.31

【双轨成形3+工具】允许使用3条或者3条以上的边作为剖面线，配合使用两条边作为路径线来生成曲面。

4　编辑 NURBS 曲面

生成NURBS曲面后，可以使用【曲面】菜单中的命令编辑曲面。下面以一个茶杯模型为例，介绍部分编辑曲面的命令。图3.32所示是茶杯效果图，分为杯体和杯把手两部分进行制作。杯体形状呈中心对称，只需要做出一半截面线，然后【旋转】成形即可。杯把手适合使用【挤出】命令来制作。

步骤/01 制作杯体。

在前视图使用【CV曲线工具】绘制杯体一半的截面线，注意线的起始点和结束点与Y轴对齐。在需要硬转角的位置近距离绘制3个点，以保证产生硬边转折。执行【曲面】>【旋转】命令，默认沿Y轴旋转成形，制作过程如图3.33所示。

图 3.32　　　　　　　　　　图 3.33

步骤/02 制作杯把手。

　　根据杯把手形状使用【CV 曲线工具】绘制一条路径线，再单击工具架上的【NURBS 圆形】按钮，绘制一个圆形，杯把手的形状是扁的，编辑圆形上的控制点，使其成为略扁的形状。单击截面线，按住 Shift 键加选路径线，执行【曲面】>【挤出】命令，打开【挤出选项】窗口，选中【管】【在路径处】【组件】【剖面法线】选项，单击【挤出】按钮，得到图 3.34 所示的杯把手模型。

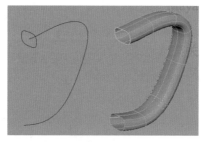

图　3.34

步骤/03 修剪多余的模型。

　　上一步制作的杯把手还需要修剪掉多余的部分，在 Maya 中可执行【曲面】>【修剪工具】命令来修剪曲面，但该命令有使用条件，即曲面上必须有曲线才能执行。因此，先执行【曲面】>【相交】命令，在【曲面相交选项】窗口中选择为两个面创建曲线，这样杯体和杯把手相交的位置就有了曲线，如图 3.35 所示。

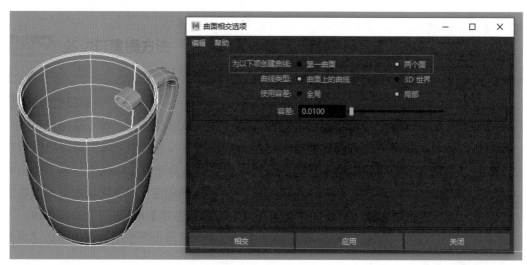

图　3.35

选择杯把手，执行【曲面】>【修剪工具】命令，模型会显示为白色的虚线，并以刚才生成的曲线为界线做分割，单击需要保留的部分，按回车键，即可将不需要的部分修剪掉，如图 3.36 所示。

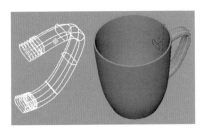

图　3.36

步骤/04 做杯体和杯把手的圆角过渡。

需要做出杯体和杯把手的圆角过渡面使模型衔接更自然。执行【曲面】>【曲面圆角】>【圆形圆角】命令，打开选项窗口，勾选【在曲面上创建曲线】选项，根据选择模型的顺序，恰当勾选【反转主曲面法线】和【反转次曲面法线】选项，直到得到正确的结果为止。设置【半径】值为 0.2，值越大生成的圆角就越大。单击【应用】按钮，即可生成圆角过渡，如图 3.37 所示。

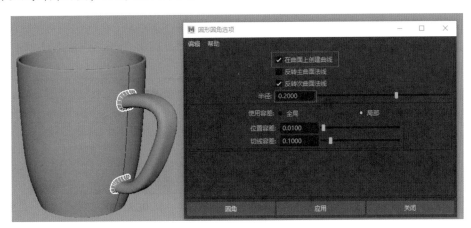

图　3.37

使用与步骤 02 相同的方法，修剪夹在模型中间的多余的面，再删除杯体内部生成的多余的面，如图 3.38 所示。

完成后的效果如图 3.39 所示。本案例使用了部分曲面编辑工具，对于其他工具，读者可在做项目的过程中自行尝试使用。

图　3.38

图　3.39

3.8 多边形建模

3.8.1 多边形基本知识

多边形建模是 Maya 中较为常用的建模方法。多边形由基于顶点、边和面的几何体组成。多边形建模被广泛用于电影、交互式视频游戏和互联网中动画效果的开发。

多边形是由顶点和连接它们的直线边定义的。多边形的内部区域称为面。顶点、边和面是多边形的基本组件。可以通过修改点、边、面来编辑多边形，如图 3.40 所示。

使用多边形建模时，通常使用三边面或者四边面。Maya 也支持使用 4 条以上的边创建多边形，但并不常用。

单个多边形通常称为面，面是以 3 个或更多顶点及其关联的边为边界的区域。将多个面连接到一起时，就会创建一个面网格，称为多边形网格，使用多边形网格可以创建多边形模型。多边形网格通常共享各个面之间的公用顶点和边，它们被称为共享顶点或共享边。多边形模型也可以由多个不连贯的已连接多边形集组成。模型的外部边称为边界边。图 3.41 所示是面和多边形模型，以粗线显示的是边界边。

图　3.40

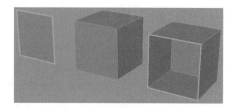

图　3.41

3.8.2 多边形建模方法

1 基本体建模

可用的基本体形状包括球体、立方体、圆柱体、圆锥体、平面和许多其他形状。可以使用建模工具包中的各种工具分割、挤出、合并或删除来编辑基本体模型上的各种组件，以修改基本体的形状，得到更加复杂的模型。在实践中创建的很多模型都是在多边形基本体的基础上完成的。

可以通过【创建】>【多边形基本体】子菜单中的命令，或者单击工具架【多边形建模】组中的按钮创建多边形基本体，如图 3.42 所示。

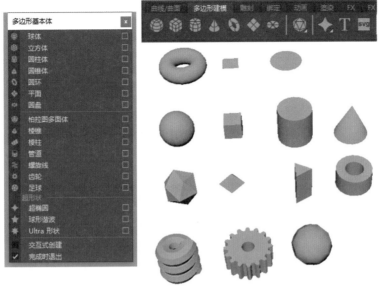

图　3.42

创建多边形基本体后，可以在通道盒中设置相应的属性值来改变基本体的大小、细分数等。图 3.43 所示是部分基本体的输入属性。

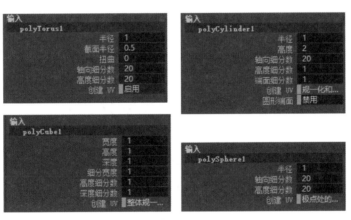

图　3.43

2　使用创建自由多边形工具

使用【网格工具】>【创建多边形】工具，可以创建自定义的多边形。在场景视图中连续单击，至第三个点的时候会出现面，再连续单击，按回车键结束绘制，即可制作出自由形状的多边形模型。可以修改顶点位置来编辑多边形面，再通过分割或挤出等操作来构建多边形网格，如图 3.44 所示。

图　3.44

3.8.3 编辑多边形组件及常用操作

1 关于顶点、边和面

按住鼠标右键，可以选择多边形的顶点、边、面等组件进行编辑，如图 3.45 所示。

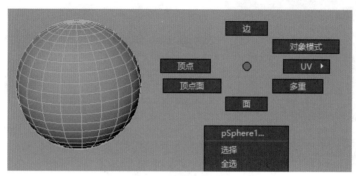

图 3.45

2 关于法线

法线不是一条真实存在的线，它是垂直于曲线或者曲面的理论上的线。在 Maya 中，有面法线和顶点法线之分。面法线用于确定多边形面的方向，顶点法线用来定义两个多边形面之间的共享边是以软化边显示还是以硬化边显示。

1）面法线

在 Maya 中所有的多边形都被设置成双面，双向都可以查看多边形模型。用户可以关闭多边形的双面照明来观察面法线的方向。在渲染的时候，多边形面法线的方向决定了对象表面如何反射光线，以及对象表面的明暗变化关系。因此一个模型上有统一的面法线是比较重要的。如图 3.46 所示，左图是具有一致法线方向的模型，右图中显示为黑色的面表示法线方向反了，可以选择黑色的面，执行【网格显示】>【反向】命令，将法线方向翻转过来。有了统一的法线方向，才能在后续渲染中得到正确的结果。

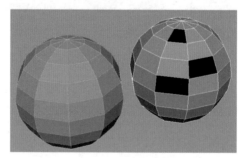

图 3.46

2）顶点法线

顶点法线能够确定多边形面之间的可视化柔和度或硬度。与面法线不同的是，顶点法线不是多边形所固有的，只是用来反映 Maya 在平滑着色处理模式下如何渲染多边形，也就是以软化边显示，还是以硬化边显示。顶点法线显示为从顶点投影的线，共享该顶点的每个面都有一条顶点法线。

特定顶点的法线均指向同一方向时，称为软顶点法线。在平滑着色处理模式下，面与面之间会出现软化边的效果，如图 3.47 所示。

顶点法线所指的方向与面相同时，称为硬顶点法线，面与面之间是硬过渡，此时会出现硬化边的效果，如图 3.48 所示。

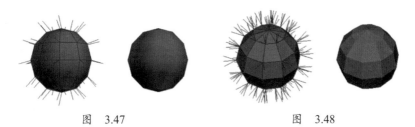

图　3.47　　　　　　　　　　图　3.48

③ 挤出操作

使用【挤出】命令可以将现有模型结构向外延展，形成复杂的模型。【挤出】命令允许挤出顶点、边或面。选择点、边或面之后，执行【挤出】命令，可以通过操作手柄进行交互操作。挤出点的时候，操作手柄只能移动；挤出边或面的时候，操作手柄是移动、旋转和缩放的综合手柄，可以同时进行相应的操作。可以通过单击操作手柄右上角的开关图标，在全局模式和局部模式之间切换。选择两个面，执行【编辑网格】>【挤出】命令，或者按住 Shift 键与鼠标右键，在弹出的热盒中选择【挤出】命令，或者直接单击工具架上的【挤出】按钮，图 3.49 所示分别为在全局模式和局部模式下挤出面的结果。

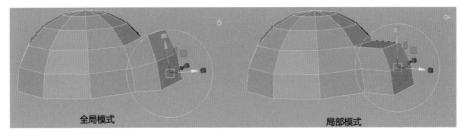

全局模式　　　　　　　　局部模式

图　3.49

④ 倒角操作

【倒角】命令会将选定的每条边展开为一个新面，使多边形网格的边成为圆角边。选择边，按住 Shift 键与鼠标右键，选择【倒角边】命令。如果选择面，则按住 Shift 键与鼠标右键，选择【倒角面】命令。通过调整【分数】值可以改变倒角的大小，调整【分段】值可以让倒角变成圆角边，如图 3.50 所示。

【倒角边】命令也可以用于倒角平面上的线，执行命令之后一条线会变成两条线，在建模的实际操作中经常会用到。如图 3.51 所示，在立方体上加一条循环边，对其执行【倒角边】命令，一条边变成了两条边，可以通过调整【分数】【分段】等参数设置生成边的位置和数量。

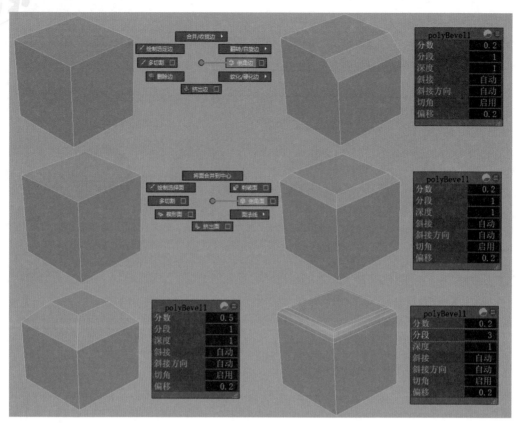

图 3.50

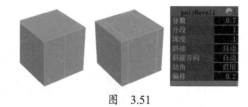

图 3.51

5 结合、合并、分离对象操作

【结合】命令可以将两个或多个多边形模型组合为一个多边形对象。【合并】命令可以将同一个多边形模型中的两个或两个以上的顶点或边合并在一起。【分离】命令可以将多边形模型内的多边形壳分离为单独的网格。

【合并】命令要求操作对象只能是同一个多边形对象中的顶点或边，也就是在融合顶点或边之前必须先对模型执行【结合】命令，使之成为一个对象。另外，合并的对象仅限于边界边，多边形内部的共享边不能进行合并操作。法线方向相反的面的边不能进行合并。

图 3.52 所示的人头模型左右对称，通常打开镜像功能只需要创建一半，完成之后需要将两个模型结合，结合之后，模型衔接处仍然没有形成共享边，打开边界边的显示，会发现模型衔接处是粗线显示。需要选择中间重合的点，并执行【合并顶点】命令，此时会发现中间衔接处不再是边界边，成为一个完整的独立模型。

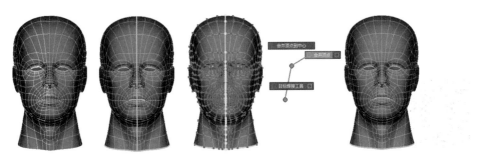

图　3.52

6 插入循环边工具

【插入循环边工具】可以沿着多边形模型上的全部或部分环形边来分割这些多边形面。

按住 Shift 键与鼠标右键，在左下角可以选择【插入循环边工具】，在多边形面网格上单击即可添加循环边。也可以打开【插入循环边工具】的选项窗口，设置等距离添加多条循环边，如图 3.53 所示。

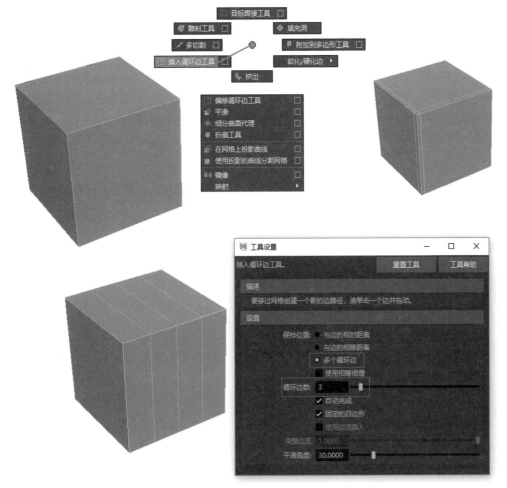

图　3.53

3.9 Maya 的轨迹化操作

Maya 可以通过轨迹化操作来快速选择并执行命令，而不用等命令出现，但需要记住命令的位置，在命令所在的位置拖动鼠标。通常需要键盘按键与按住鼠标右键快速拖动鼠标相配合来选择并执行命令。多边形建模中常用的轨迹化快捷操作如下：

（1）在【对象模式】下，按住鼠标右键，向下快速拖动，可切换至【面】模式。

（2）在【对象模式】下，按住鼠标右键，向左快速拖动，可切换至【顶点】模式。

（3）在【对象模式】下，按住鼠标右键，向上快速拖动，可切换至【边】模式。

（4）在点、线、面等其他模式下，按住鼠标右键，向右上方快速滑动，可切换至【对象模式】。

（5）在【对象模式】下，按住 Shift 键与鼠标右键，向左快速拖动，可执行【多切割】命令。

（6）在【对象模式】下，按住 Shift 键与鼠标右键，向右快速拖动，可执行【附加到多边形工具】命令。

（7）在【对象模式】下，按住 Shift 键与鼠标右键，向左下方快速拖动，可执行【插入循环边工具】。

（8）在【面】模式下选择面，按住 Shift 键与鼠标右键，向下快速拖动，可执行【挤出面】命令。

（9）在【边】模式下选择边，按住 Shift 键与鼠标右键，向左下方快速拖动，可执行【删除边】命令。

（10）在【边】模式下选择边，按住 Shift 键与鼠标右键，向右快速拖动，可执行【倒角边】命令。

（11）在【边】模式下选择边，按住 Shift 键与鼠标右键，向下快速拖动，可执行【挤出边】命令。

（12）在【边】模式下选择边，按住 Ctrl 键与鼠标右键，快速拖动出小于号形状的轨迹，可执行【环形边工具】>【到环形边并分割】命令。如图 3.54 所示，执行【到环形边并分割】命令的轨迹是小于号，要想快捷执行该命令，只需配合功能键和鼠标拖出小于号的轨迹即可，而不用等命令弹出。

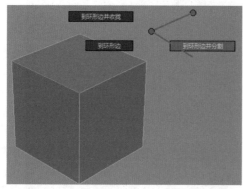

图 3.54

除了以上操作，还有其他快捷操作，读者可以在平时的学习与工作中逐渐发掘并积累。

3.10 要点总结

本章讲解了 Maya 软件的基本操作方法，读者要掌握 Maya 的文件管理方法，掌握选择、变换、复制、显示、隐藏、对齐、捕捉、布尔运算等命令的基本操作方法，要理解 NURBS 建模和多边形建模的特点，在项目实践中能够选择合理的建模方法。Maya 支持轨迹化操作，读者要领会轨迹化操作的精髓，这样可以大大提高制作项目的效率。本章只介绍了软件的基本操作和常用命令，关于命令更加详细的使用方法，后面的项目实战章节中会有具体的讲解和应用。

第4章 房屋案例

本章概述

　　本章制作房屋案例，全流程使用 Maya 软件完成，包括文件的创建、房屋的建模、UV 映射、材质与纹理贴图、灯光设置和渲染输出。使用的命令涵盖了 Maya 的常用命令。掌握了本案例的制作方法，触类旁通，可以快速制作出类似的效果图。

学习目标

　　（1）掌握多边形的建模方法。
　　（2）掌握 UV 映射的不同方法。
　　（3）掌握纹理贴图的处理方法。
　　（4）会设置陶瓷、玻璃等典型类别的材质。
　　（5）掌握灯光的设置方法。
　　（6）掌握普通材质向 Arnold 材质转换的方法。
　　（7）掌握 Arnold 渲染场景的方法。
　　（8）掌握使用 AO 图加强颜色图显示效果的技巧。

4.1 创建文件

　　执行【文件】>【项目窗口】命令，在弹出的窗口中单击【新建】按钮，在 D 盘根目录创建名称为"house"的文件夹，选择该文件夹，在【当前项目】文本框中将当前项目命名为"House_Project"，如图 4.1 所示。单击【接受】按钮，即可完成项目的创建。

　　执行【文件】>【场景另存为】命令，在弹出的对话框中指定保存位置为默认工程目录的"scenes"文件夹，将文件命名为"house_v01"，单击【另存为】按钮，即可完成文件的保存，如图 4.2 所示。

图 4.1

图 4.2

4.2 建 模

房屋案例效果如图 4.3 所示。

图 4.3

4.2.1 创建房屋的大型

步骤/01 如图 4.4（a）所示，创建立方体，根据参考图调整比例。

步骤/02 如图 4.4（b）所示，执行【网格工具】>【插入循环边】命令，在顶端加线。

步骤/03 选择上面生成的 4 个窄面，按住 Shift 键与鼠标右键，执行【挤出面】命令，沿 Z 轴方向做适当的挤出操作。

步骤/04 如图 4.4（c）所示，创建一个【立方体】，调整比例，放置在最上面。

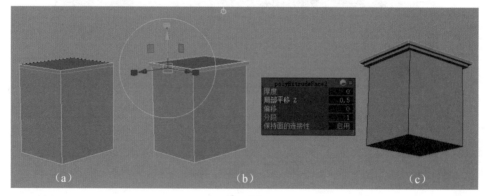

图 4.4

步骤/05 创建一个立方体并调整比例，放置在房顶上面，作为烟囱的基座。

步骤/06 如图 4.5（a）所示，创建两个圆柱体，放置在步骤 05 中创建的立方体上面。使用【插入循环边】工具在圆柱体上加线，选择侧面上半部分的面，执行【挤出面】命令，做出凸起的面。选择烟囱顶面中间的点，按住 Ctrl 键与鼠标右键，向下拖曳选择【到面】>【到面】命令，即可选中中间的面，这是快速选择中间面的操作技巧。对选中的面执行【挤出面】命令，沿 Z 轴向下挤出，适当缩小挤出的面，以免与烟囱的外立面重合。对两个圆柱体执行同样的操作，结果如图 4.5（f）所示。

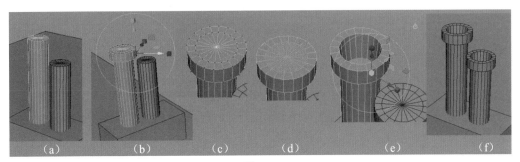

图　4.5

步骤/07 制作广告牌。创建立方体并按参考图调整比例。

步骤/08 选择 4 个角位置的 4 条短线，执行【倒角边】命令，设置【分数】值为 0.2，【分段】值为 2。

步骤/09 如图 4.5（c）和（d）所示，选择最前面的大面，执行【挤出面】命令，做缩放挤出操作，以挤出广告牌的边。再次执行【挤出面】命令，沿 Z 轴方向向内挤出，做出凹陷效果。

步骤/10 制作广告牌的木条支架。创建立方体并调整比例，放置在合适的位置，再复制出其他立方体，效果如图 4.6（e）所示。

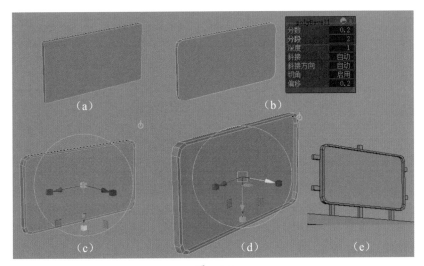

图　4.6

步骤/11 如图 4.7（a）所示，确定窗户的位置。根据窗户的位置和大小，使用【插入循环边】工具给房屋主体模型加线。

步骤12 如图4.7（b）所示，选择窗户和门所在位置的面，执行【挤出面】命令，沿着Z轴方向向内挤出。

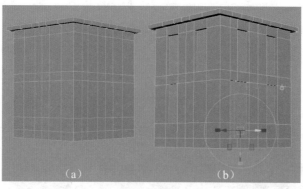

（a）　　　　　　（b）

图　4.7

步骤13 如图4.8所示，创建立方体，制作出6个窗台，放置在合适的位置。

步骤14 如图4.8所示，制作台阶。创建立方体并调整比例，使用【插入循环边】工具加线，通过调整模型上的顶点和边改变立方体形状，使台阶形状自然生动。

步骤15 如图4.8所示，制作花盆。创建圆柱体，在通道盒中设置圆柱体的【端面细分数】值为0。选择端面，执行【挤出面】命令，做两次挤出，做出凹陷效果。选择花盆边缘位置的边，执行【倒角边】命令，为花盆边缘做出略窄的倒角边。制作出另一个花盆，完成后将两个花盆分别摆放在门前合适的位置。

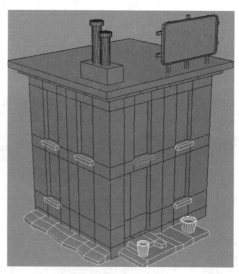

图　4.8

步骤16 制作门旁悬挂的报箱。创建立方体并加线，选择最上面的一条线，沿Y轴向上拖曳。如图4.9（c）所示选择两个斜面，执行【挤出面】命令，设置【厚度】值为0.06，沿Z轴拖曳也可以挤出，但是挤出的厚度不一致，调整【厚度】值可以保证挤出的厚度是均匀的。如图4.9（d）所示，选择两侧的两个面，同时执行【挤出面】命令，沿Z轴拖曳出合适的位移。如图4.9（e）所示，选择下面的两个面，执行两次【挤出面】

命令，制作出凹陷的面。完成后的效果如图 4.9（f）所示。

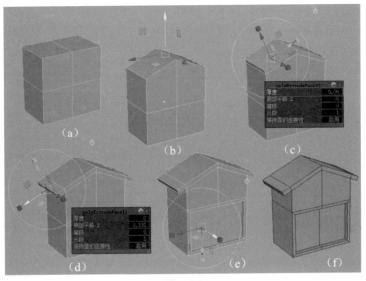

图　4.9

在【工具架】中单击【多边形平面】按钮，放大平面模型，做出地面。至此，完成了房屋大体的创建，效果如图 4.10 所示。

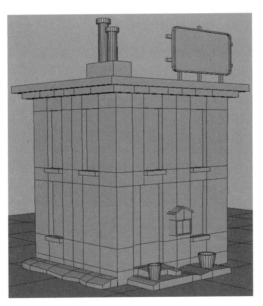

图　4.10

4.2.2　路灯建模

步骤/01 如图 4.11（a）所示，创建一个立方体，并调整大小比例。

步骤/02 如图 4.11（a）所示，创建一个圆柱体，并调整大小比例，将上顶面缩小。

步骤/03 如图 4.11（b）所示，使用【插入循环边】工具在侧面加线，要注意加线的位置。

步骤/04 如图 4.11（c）～（e）所示，选择一圈夹面，执行【挤出面】命令，做出凸起造型。完成挤出操作后，发现挤出的厚度面不是水平的，选择厚度面，使用【缩放】工具沿 Y 轴方向压平。

步骤/05 如图 4.11（f）所示，选择最上面的面，执行【挤出面】命令，挤出至合适的高度，制作出灯杆。

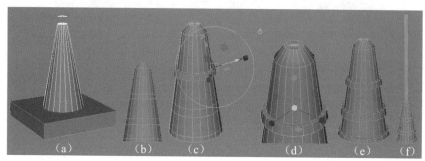

图　4.11

步骤/06 如图 4.12（a）所示，创建一个圆柱体，在通道盒中设置【轴向细分数】值为8。调整形状，并放置在顶端。

步骤/07 如图 4.12（b）所示，使用【插入循环边】工具在模型侧面偏下的位置加线。

步骤/08 框选图 4.12（c）所示侧面，执行【挤出面】命令，在弹出的对话框中单击【保持面的连接性】选项，设置为【禁止】，并适当缩小面。如图 4.12（d）所示，再次执行【挤出面】命令，沿 Z 轴向内挤出，做出凹陷的效果。

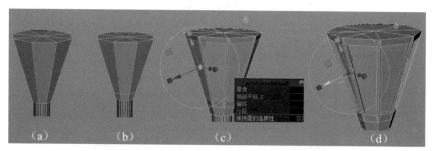

图　4.12

步骤/09 如图 4.13（a）所示，创建一个圆柱体，在通道盒中设置【端面细分数】为3，调整模型形状和比例，放置在顶端。

步骤/10 使用【挤出面】命令反复做挤出操作，得到图 4.13（d）所示的样式。

　　通过顶点选择面的操作技巧：当端面的细分数比较多的时候，要想选中中间的一圈面比较困难，而按住 Shift 键依次加选每个面的效率也比较低，此时可以先选择中间的点，再按住 Ctrl 键，在弹出的通道盒中向下拖曳选择【到面】>【到面】命令，即可选中中间的面。

次世代三维模型案例实战——基于 PBR 流程（微课视频版）

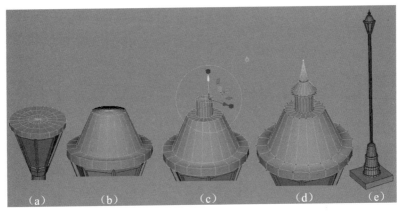

图　4.13

4.2.3　窗户和门建模

1　窗户建模

步骤/01　选择窗户和门所在位置的面，按住 Shift 键与鼠标右键，选择【提取面】命令，就会将这些面从主体模型分离出来，如图 4.14 所示。

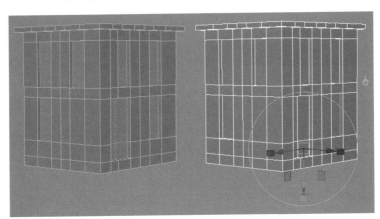

图　4.14

步骤/02　如图 4.15（a）和（b）所示，选择其中一扇窗户处的面，综合使用【到环形边并分割】工具（按住 Ctrl 键，并按住鼠标右键画小于号轨迹即可执行）、【倒角边】工具、【插入循环边】工具等，依照窗户的造型给平面添加线。

步骤/03　如图 4.15（c）和（d）所示，选择 4 个窗格面，使用【提取面】命令将 4 个窗格分离出来。

步骤/04　如图 4.15（e）所示，选择一半窗框面，使用【提取面】命令将左右两边的窗框分离开。

步骤/05　如图 4.15（f）所示，选择提取出来的一半面，执行【挤出面】命令，挤出合适的厚度。

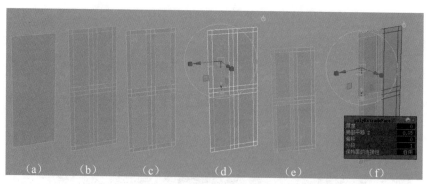

图　4.15

步骤/06 如图 4.16（a）所示选择步骤 03 中提取出来的面，沿 Y 轴方向缩小。

步骤/07 如图 4.16（b）和（c）所示，选择面，执行【挤出面】命令，挤出合适的厚度。在通道盒中，调整【旋转 Z】值为 30，即旋转 30°，并放置在窗格靠上的位置。

步骤/08 按 Shift+D 快捷键复制上一步的模型，并向下移动一定的距离，然后反复按 Shift+D 快捷键执行【复制并变换】命令，直到填满整个窗格。

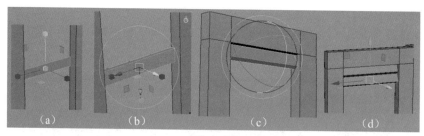

图　4.16

步骤/09 如图 4.17（b）所示，全选步骤 08 中制作的百叶窗，执行【结合】命令，再按 Ctrl+D 快捷键复制至其他窗格中，这样便完成了一个完整的窗户模型。

步骤/10 如图 4.17（c）所示，选择窗户框所有的边，执行【倒角边】命令，给窗户框添加倒角效果，使之看起来更真实。

步骤/11 对窗户模型执行【复制】命令，将复制出的窗户模型放置在其他位置。根据参考图灵活调整窗户的摆放角度，使外观看起来真实自然，效果如图 4.17（d）所示。

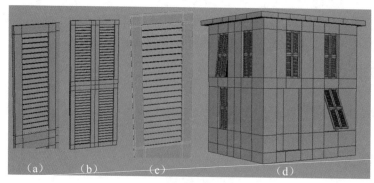

图　4.17

次世代三维模型案例实战——基于 PBR 流程（微课视频版）

2 门建模

步骤/01 如图4.18（a）所示，使用【插入循环边】工具为提取出来的门模型添加线。

步骤/02 如图4.18（b）所示，使用【提取面】命令将门框和中间两个矩形分开。

步骤/03 如图4.18（c）所示，选择门框的面，执行【挤出面】命令，即可做出门框模型。

步骤/04 如图4.18（d）所示，选择上面的矩形面，执行【挤出面】命令挤出一定的厚度，作为玻璃模型。

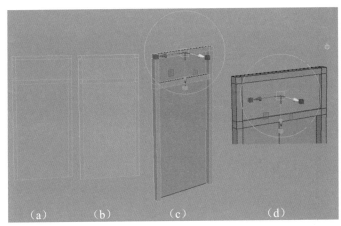

图 4.18

步骤/05 如图4.19（a）所示，使用【插入循环边】工具为门扇面添加线，将面分割成8块长条，通过调整顶点，使长条形状有所区别，做出更真实的效果。

步骤/06 如图4.19（b）所示，全选门扇的面，执行【提取面】命令使门扇上的长条彼此分开。

步骤/07 如图4.19（c）所示，选择一侧的4块长条的面，执行【挤出面】命令，挤出一定的厚度。

步骤/08 如图4.19（d）所示，全选步骤07中挤出模型的边，执行【倒角边】命令，使模型边缘圆滑一些。

步骤/09 对4块长条模型执行【结合】命令。

步骤/10 对另一侧的长条模型执行相同的操作，这样就完成了两扇门的制作，如图4.19（e）所示。

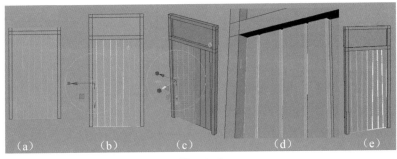

图 4.19

步骤/11 创建立方体制作门上的支撑条模型，调整大小和比例。全选所有的边，执行【倒角边】命令。复制模型至其他合适的位置。

步骤/12 复制上一步的模型，制作出门栓并旋转一定的角度，完成后放置在合适的位置。

步骤/13 分别选择同一侧的一扇门和两块支撑板，执行【结合】命令。长按D键，激活枢轴，将枢轴点设置在有合页的一侧，然后旋转一定的角度，让门略微打开，效果如图4.20（c）所示。

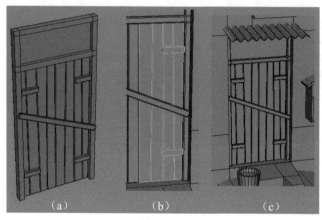

图　4.20

4.2.4 电线周边物体建模

步骤/01 制作电表箱，创建立方体并调整比例，添加线做出门，执行【分离】命令把门分离出来。全选门的面，执行【挤出面】命令做出模型的厚度，在弹出的对话框中设置【厚度】值为0.02。全选门的边，执行【倒角边】命令，制作出小的倒角。箱体也做同样的操作。适当旋转门，得到图4.21（d）所示的效果。

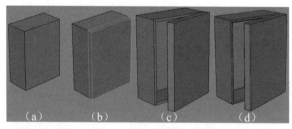

图　4.21

步骤/02 制作电线卡子。创建圆环体，在通道盒中设置【轴向细分数】和【高度细分数】值都为10。通过调整顶点，改变模型形状。创建立方体作为底座，调整比例，选择其中一个端面并缩小。将卡子和底座放置在一起，并进行位置摆放，如图4.22（d）所示。

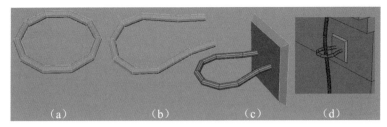

图　4.22

步骤/03 在屋顶做出电线的固定装置。创建立方体并调整比例，使用【插入循环边】工具在偏上的位置添加一条线。选择窄面，执行【挤出面】命令。复制模型，并调整长度，放置在图 4.23 所示的另一个位置。

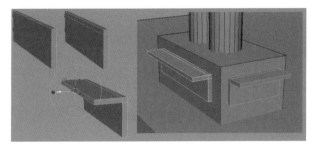

图　4.23

步骤/04 创建圆柱体，适当放大底面，使用【插入循环边】工具添加两条线，选择夹面，执行【挤出面】命令，向内做挤出，并沿 Y 轴方向缩小面。选择顶面，并重复执行【挤出面】命令，做出圆润的顶面。选择底面，执行【挤出面】命令，做出凸起的固定轴。调整整体的比例，放置在步骤 03 中完成的模型上，效果如图 4.24（g）所示。

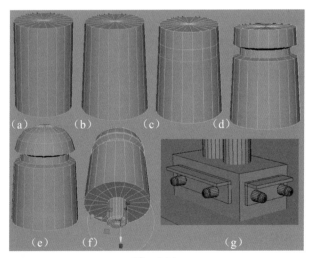

图　4.24

步骤/05 制作电线杆。创建圆柱体作为电线杆，调整比例，放置在门的对面。复制步骤 04 中制作的模型，放置在图 4.25（e）所示的位置。制作一个卡扣，创建圆环体并调整比例，删除一半模型，选择截面并执行【挤出面】命令，将卡扣延长。创建圆柱体，调整【轴向细分数】为 6 段，并调整比例，放置在卡扣上作为起固定作用的螺丝钉。完成效果如图 4.25（f）所示。

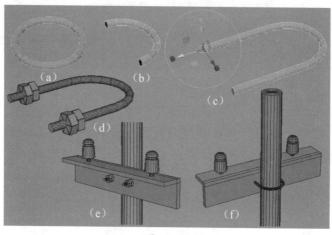

图　4.25

4.2.5　电线建模

　　电线是长条状的模型，需要使用【CV 曲线工具】按照线的走向绘制曲线，并编辑控制顶点，使线的走向更加自然。创建【圆柱体】，并调整大小至电线直径的尺寸。选择圆柱体，按住 C 键激活【线捕捉】功能，使圆柱体捕捉至 CV 曲线的起点处。选择圆柱体的底面，按住 Shift 键加选 CV 曲线，执行【挤出】命令，在弹出的对话框中设置【分段】数至合适的值，即可完成电线的创建。如图 4.26 ～图 4.30 所示。使用同样的方法把所有的电线模型做出来，【分段】数需根据不同电线的长度分别进行设置。

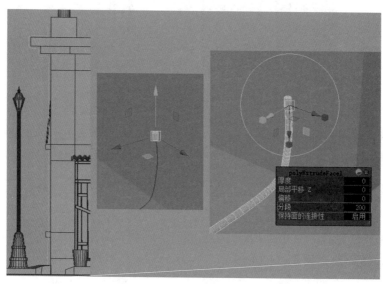

图　4.26

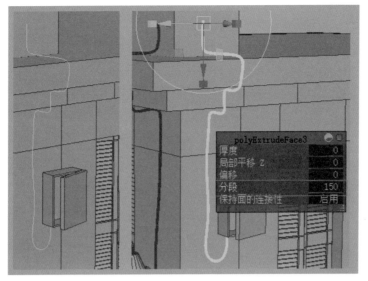

图　4.27

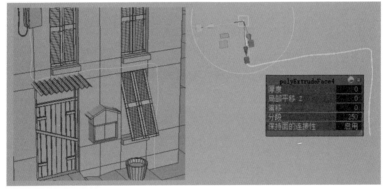

图　4.28

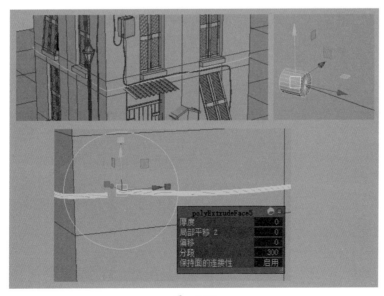

图　4.29

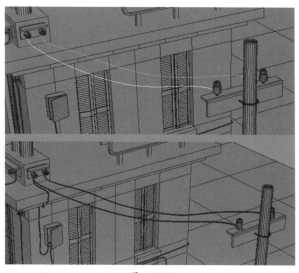

图　4.30

4.2.6　画架、遮雨板、植物建模

1　画架建模

步骤/01 如图 4.31（a）所示，创建立方体并调整比例。

步骤/02 如图 4.31（b）所示，选择一条窄边，按住 Ctrl 键与鼠标右键，在屏幕上快速画小于号的轨迹，即可添加一条中线。

步骤/03 如图 4.31（c）和（d）所示，选择上一步添加的中线，按住 Shift 键与鼠标右键，向右快速拖动，即可执行【倒角边】命令，将中线变成两根环线，调整【分数】值为 0.8。纵向做同样的操作，即可做出画架的边框。

步骤/04 如图 4.31（e）所示，选择中间的面，执行【挤出面】命令，向内挤出合适的深度。

步骤/05 如图 4.31（f）所示，选择底面两端的两个面，执行【挤出面】命令，沿 Z 轴向下挤出至合适的长度。

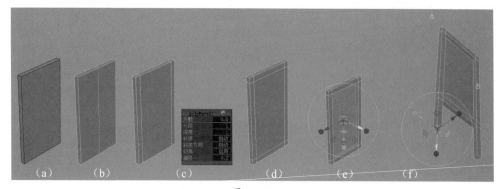

图　4.31

步骤/06 如图 4.32（a）所示，复制另一半画架，并摆放画架。首先改变画架枢轴点的位置，按住 D+V 快捷键激活枢轴点设置和点捕捉，并在画架背面的上顶点处按住鼠标中键并晃动鼠标，即可将枢轴点定位在该位置。

步骤/07 如图 4.32（b）所示，按 Ctrl+D 快捷键复制模型。执行【修改】>【冻结变换】命令，将画架的移动、旋转、缩放等属性值回归至原始的"0"。在通道盒中修改【缩放 X】值为 -1，即可将复制的画架放置在镜像位置。

步骤/08 如图 4.32（c）所示，选择两块画架，执行【结合】命令结合为一体。再旋转一定的角度，放至门前合适的位置。

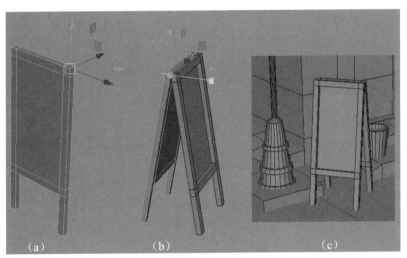

（a）　　　　　　（b）　　　　　　（c）

图　4.32

2 遮雨板建模

步骤/01 在工具架中单击【多边形平面】按钮，创建一个平面模型，调整【细分宽度】为 1、【高度细分数】为 20，并根据门的宽度调整平面模型的大小比例，如图 4.33 所示。

图　4.33

步骤/02 如图 4.34（a）所示，选择线，隔一条选一条，沿 Y 轴向上移动，形成瓦楞状。

步骤/03 如图 4.34（b）和（c）所示，框选面中间的所有线，按住 Shift 键与鼠标右键，选择【倒角边】命令，在弹出的对话框中设置【分数】值为 0.7，【分段】值为 2，这样便在模型表面形成了流畅的过渡。

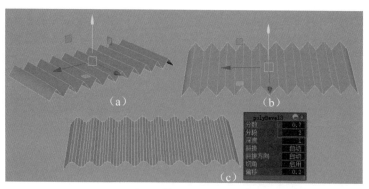

图　4.34

步骤/04 框选所有面，执行【挤出面】命令，沿 Z 轴挤出合适的厚度。

步骤/05 将模型旋转合适的角度，放置在门上方，效果如图 4.35 所示。

图　4.35

3 植物建模

执行【窗口】>【常规编辑器】>【内容浏览器】命令，在内容浏览器中选择 Paint Effects>Flowers 命令，在打开的面板中选择想要绘制的花。回到透视图中，按住 B 键，同时按住鼠标左键并左右拖动，调整笔头的大小，然后进行绘制，即可绘制出花的模型。单击【修改】>【中心枢轴】命令，将枢轴点设置至模型中心，调整模型并放置在花盆中，如图 4.36 所示。

图　4.36

4.2.7 模型的整理与细化

1 屋顶变形

使用【插入循环边】工具为屋顶的模型加线，调整线的位置，以改变屋顶的造型。选择屋顶模型所有的外边缘，执行【倒角边】命令，调整合适的参数值，如图 4.37 所示。

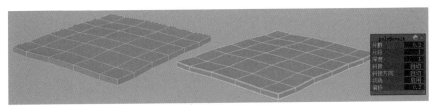

图 4.37

2 加房梁

创建立方体，并调整大小比例，复制出多个模型放置在图 4.38 所示的屋檐位置。

图 4.38

3 处理需要倒角的模型

依次选择图 4.39 所示的房屋周边的模型，选择模型的外边缘，执行【倒角边】命令，调整【分数】值至合理的大小。

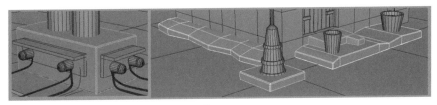

图 4.39

4 创建窗户上面的模型

创建立方体，调整至图 4.40（a）所示的形状，选择前侧面，执行多次【挤出面】命令做出凹槽。调整大小比例，将做好的模型放置在每个窗户的上方，放置位置如图 4.40（c）所示。

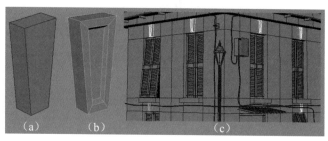

（a）　　　　（b）　　　　　　　（c）

图　　4.40

至此，房屋的建模工作完成。

4.3　UV、材质与纹理贴图

全选场景中的模型，执行【编辑】>【按类型删除全部】>【历史】命令，删除历史记录。执行【修改】>【冻结变换】命令，将各个模型的属性值回归原始的"0"。

本案例对 UV 的映射、材质与纹理的处理都是快速成型的方法，适用于对精度要求不高的模型。如果对精度要求高，就要按照后续第 5 章和第 6 章中的案例制作方法来制作。

4.3.1　什么是 UV

UV 是二维纹理坐标，它带有多边形模型的顶点组件信息。UV 用于定义二维纹理坐标系，称为"UV 纹理空间"。UV 纹理空间使用字母 U 和 V 来指示二维空间中的方向轴。UV 纹理空间有助于将图像纹理贴图放置在三维曲面上。

UV 非常重要，它是三维模型与图像纹理贴图之间的连接，即 UV 作为标记点，用于控制纹理贴图上的哪些点（像素）与模型上的哪些点（顶点）对应。UV 可以理解为立体模型的"皮肤"，所有模型贴图的绘制都是在拆分 UV 后的模型上完成的，这就是常说的 UV 贴图。

大多数情况下，在完成建模之后、在将纹理指定给模型之前，需要映射并排列UV。否则，会影响纹理在模型中的显示。要想在多边形模型上生成正确的纹理，就必须了解 UV 的概念，以及如何将 UV 映射到三维模型表面上。图 4.41 所示是纹理投射到球体的示意图。

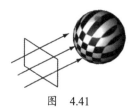

图　　4.41

4.3.2 UV 映射

为模型创建显式 UV 的过程称为"UV 映射"。它是创建、编辑和整理 UV 的过程。通过将 UV 映射到三维模型，可以创建 UV。依照处理好的 UV 绘制贴图，即可在三维模型上正确显示出贴图。如图 4.42 所示，左侧是三维模型，右侧为映射后的 UV。

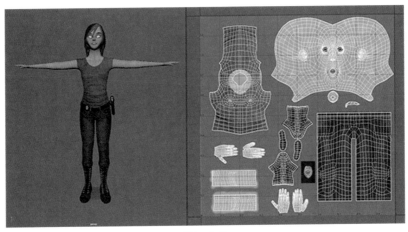

图　4.42

映射 UV 是为模型指定 UV 的过程。通过执行 UV 菜单中的映射命令进行投影，或者单击工具架上的 UV 映射按钮执行命令。映射方式包括自动映射、最佳平面映射、基于摄像机映射、轮廓拉伸映射、基于法线映射、圆柱形映射、平面映射、球形映射等，如图 4.43 所示。

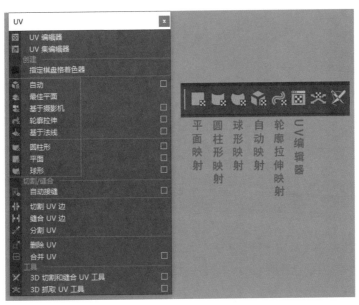

图　4.43

通常情况下，可以通过将 UV 从一个或多个基本体对象，如平面、圆柱体或球体映射到近似于模型轮廓的曲面上。例如：

（1）平面映射，通过平面将 UV 投影到模型上，如投影到平坦的街道或建筑面上。先选择要投射的面，再打开【平面映射选项】窗口，选择投射的轴向，单击【投影】按钮。可以移动、旋转和缩放 UV 投影操纵器，如同 Maya 中的其他操纵器一样。缩放操纵器会影响 UV 编辑器中投影 UV 的结果比例。通过拖动红色、绿色或蓝色的操控点，可以改变 UV 的分布方式，单击图 4.44 左下角的"T"字形标志，可以打开操纵杆，做整体缩放、旋转等操作。

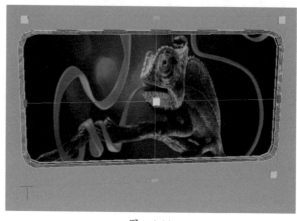

图　4.44

（2）圆柱形映射，可以将圆柱形贴图投影到人物头部、躯干和柱子等模型上，如图 4.45 所示。

（3）球形映射，可以将球形贴图投影到近似球形的模型上，如图 4.46 所示。

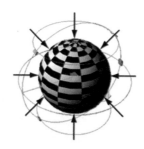

图　4.45　　　　　　　　　　　　　图　4.46

（4）轮廓拉伸映射，可以将轮廓拉伸贴图投影到凹凸不平的丘陵地形上。

（5）自动映射，通过同时从多个平面投影尝试查找最佳 UV 位置来创建模型的 UV。该 UV 映射方法对于更加复杂的图形是非常有用的。在复杂的图形中，基本平面、圆柱形或球形投影不会产生有用的 UV。如图 4.47 所示，投影操纵器以选定对象为中心出现在场景视图中，浅蓝色表示投影平面朝向背离选定对象的方向，而深蓝色平面表示投影平面朝向选定对象的一侧。操纵器的平面以实际投影平面比例的 50% 显示为半透明，以便使用操纵器时它们不会完全遮挡对象。沿每个平面的边显示的红线和绿线用于指示 UV 编辑器内对应的 U 轴和 V 轴。

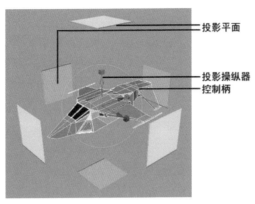

图　4.47

创建初始贴图之后，可以使用【UV 编辑器】中的工具调整 UV，以更好地适配实际的模型。图 4.48 所示为使用了圆柱形映射，然后在【UV 编辑器】中调整 UV 的布局。

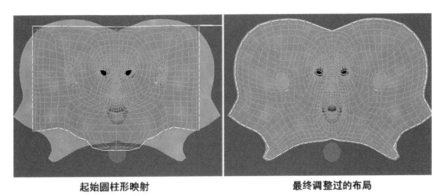

起始圆柱形映射　　　　　　　　　　最终调整过的布局

图　4.48

4.3.3 材质基础知识

1　材质基础

产生渲染图像的原理是在渲染中模拟光子从光源发出，经过空气传播，在表面和体积中反弹，最终落在摄像机的传感器上。数以百万计的光子在摄像机传感器上组合在一起，就形成了渲染的图像。

生成众多材质的原理是，从物理角度来说，曲面着色器也就是材质球，描述了曲面如何与光子相互作用。击中物体的光子可能会被吸收，可能会在曲面上发生反射，可能会透过曲面发生折射，或者在物体内部四处散射。这些组件组合在一起，就产生了种类众多的材质。

在现实世界中，确定曲面外观的两个主要因素是：曲面的材质和灯光。当灯光照射到对象表面时，一些灯光会被吸收，一些灯光会被反射。对象表面越平滑，则越有光泽；对象表面越粗糙，则越暗淡。

2 基本材质与纹理贴图

在 Maya 中，曲面的外观是由其着色方式定义的。模型的外观是对象的基本材质和纹理的组合，材质定义对象的基本物质属性，而纹理用于添加细节。

（1）基本材质。材质用来定义对象的基质。材质的基本属性包括颜色、透明度和光泽。通过设定材质的属性，如场景元素的颜色、镜面反射度、反射率、透明度和曲面细节，可以创建出各种各样的真实图像，生成诸如玻璃、金属、橡胶、塑料等不同的材质。

（2）纹理贴图。纹理用来定义基本颜色、透明度和光泽之外的确定对象曲面外观的因素，如更复杂的颜色、透明度、光泽、曲面起伏、反射或大气等。使用连接到对象材质上的纹理，可以创建出曲面的诸多细节。例如，可以将 2D 或 3D 纹理作为凹凸贴图进行连接，以向材质添加高地或洼地，或连接文件纹理以定义其颜色。用户可以将纹理连接到材质的几乎任何属性上，如颜色、透明度和光泽等。

3 常用的材质

（1）Lambert：用来表现没有镜面反射高光的曲面，如粉笔、墙壁、木头等材质。

（2）Blinn：适用于模拟具有柔和镜面反射高光的金属曲面或玻璃曲面，如铜、铝、玻璃等材质。通过设置材质的属性，可以控制高光区域的大小和曲面反射其周围事物的能力。Blinn 曲面的高光更加柔和，出现瑕疵的可能性较小。

（3）Phong：Phong 材质用于模拟光滑的、表面有光泽的物体，如水、玻璃等具有较强高光的材质。Phong 材质曲面上的高光效果更加强烈。

（4）各向异性：用来表现具有凹槽的曲面的材质，如光盘、羽毛或者天鹅绒或缎子之类的织物等。各向异性材质上的镜面反射高光的外观取决于这些凹槽的特性及其方向。各向异性材质在不同方向上反射的镜面反射光有所不同，如果旋转材质球，镜面反射高光会发生变化，这取决于凹槽的方向。而像 Blinn 或 Phong 属于各向同性的材质，在所有方向上反射相同的镜面反射光，旋转材质球，其镜面反射高光保持不变。

（5）AiStandardSurface：是 Arnold 的标准曲面着色器，被称为 Arnold 渲染器的万能着色器，是一种基于物理世界的着色器，能够模拟生成多种类型的材质。

4 材质的通用属性

（1）颜色：用于定制材质表面的颜色，可以通过后面的颜色框任意更改颜色。除纯色外，还可以赋予相应的纹理贴图。

（2）透明度：用于控制物体的透明度，如果透明度值为 0，显示为黑色，则曲面是完全不透明的；如果透明度值为 1，显示为白色，则曲面是完全透明的。

（3）环境色：用于控制物体受周围环境的影响。默认设置为黑色，此时它不会影响材质的外观颜色。当环境色变浅的时候，它会使材质的外观颜色变亮并融合这两种颜色。

（4）白炽度：用于制作物体的自发光效果，但是它不会充当光源，不会照亮其他物体。例如，制作熔岩材质时，可以使用鲜红色的白炽度。

（5）凹凸贴图：通过纹理贴图中的像素强度来改变曲面法线，使曲面看起来粗糙或凹凸，实际上模型表面没有发生改变，只是视觉上的变化。

（6）漫反射：使材质能够在所有方向反射灯光。漫反射值越大，曲面的颜色就越接近设置的表面颜色。

（7）半透明：是指材质允许光线穿过，但是并不会产生透明效果，常用来模拟云、毛发、大理石、翡翠、蜡烛、纸张、树叶、花瓣、磨砂玻璃等材质。

5 常用的纹理类型

Maya 软件中内置了 2D 纹理、3D 纹理、环境纹理和其他纹理。2D 纹理中的文件纹理是本书案例最常用到的纹理类型。文件纹理是位图图像，用户可以自己创建图像作为文件纹理，然后将纹理连接到对象材质的某个属性上。文件纹理的过滤效果比大部分程序纹理好，并且可以得到更好的图像质量，可以表现出更加丰富的效果。

4.3.4 超级材质编辑器 Hypershade

Hypershade 是超级材质编辑器，可以在其中构建需要的材质球，并将其指定给场景中的对象。在此编辑器中，可以调整节点属性，如颜色、透明度、反射率等，还可以在材质球中创建和连接节点。

Hypershade 的工作界面是由多个面板组成的，在实时预览结果的同时可以使用这些面板构建和编辑材质。执行【窗口】>【渲染编辑器】>Hypershade 命令，或者单击状态栏渲染图标组中的图标，打开 Hypershade 编辑器，如图 4.49 所示。

1 菜单栏

菜单栏位于 Hypershade 窗口的顶部，放置了关于材质的所有命令，在实际操作中可以在下面的材质窗口中单击图标执行命令，也可以在菜单中单击相应的命令。

2 浏览器

浏览器位于菜单栏的下方，其中列出了【材质】、【纹理】和【灯光】等选项卡，对节点网格进行了分类，便于用户查找相应的节点。

3 创建栏

创建栏放置了创建材质、纹理、灯光、工具的命令，并做了详细的分类，用户可以单击需要的节点名称，就会在工作区中创建相应的材质或纹理节点，同时也会在浏览器中显示相应的材质球、纹理或灯光等。

4 工作区

工作区用于创建节点并构建着色器网络，并在着色器网络中连接节点。图 4.50 所示为将岩石纹理连接到 Phong 材质的【颜色】属性上，将山脉纹理连接到 Phong 材质的【白炽度】属性上。经过调节的材质节点和纹理节点在着色组节点的作用下，共同构成了着色网络，也就是所需的材质球。

图　4.49

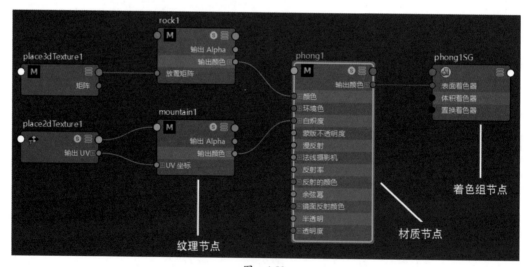

图　4.50

5　材质查看器

　　通过材质查看器可以实时查看渲染更新，预览材质节点的颜色、质感等效果。可以在下拉列表框中选择硬件渲染器或者 Arnold 渲染器，从不同的几何体类型中选择不同的模型外观，还可以切换不同的背景环境并预览调整效果。

6 特性编辑器

特性编辑器具有简单的布局，仅列出了最常用的属性，当需要编辑某个材质球属性的时候，可以在工作区或浏览器中单击相应的材质球，然后在特性编辑器中即时调整着色节点的属性。

7 将材质赋予模型的3种方法

方法一：选择模型，按住鼠标右键，选择【指定新材质】命令，在弹出的对话框中单击要赋予的材质球即可。

方法二：在场景中选定对象，回到Hypershade中，在新建立的材质球上按住鼠标右键，向上移动选择【将材质指定给视口选择】命令，即可完成材质赋予。

方法三：在Hypershade中，在新建立的材质球上按住鼠标中键，然后拖动到场景中的对象上释放鼠标中键，可以将材质赋予指定的模型。

4.3.5 纹理贴图的处理方法

1 纹理贴图与UV匹配有两种方式

方式一：UV匹配贴图，即指定材质贴图，再映射UV，指定的贴图会充满UV编辑器的(0，1)范围，并呈现出正方形的背景图像，最好事先将贴图处理成正方形的图像。使用映射的UV匹配贴图，可以轻松地将UV与纹理贴图相匹配。

方式二：贴图匹配UV，也就是本书第5章、第6章的案例使用的方法，先拆分全部模型的UV，并在UV编辑器中摆放整齐，然后根据摆放的UV绘制纹理贴图，通常根据UV的样式在Photoshop、Substance Painter等软件中绘制贴图。

2 方形和非方形位图图像

要想让纹理与模型完美适配，就仿佛纹理绘制在模型上一样，可以调节纹理附加到的曲面。事先指定的纹理贴图如果不是方形的，Maya会将其缩放为方形纹理，可能会产生变形，因此，建议使用方形图像。如果要绘制纹理的对象不是方形的，例如，圆柱形的长灯杆，就可以将纹理置于一个黑色背景的方形中。图4.51所示为本案例广告牌的贴图，提前处理成黑色背景的方形图像。

图 4.51

3 在 Photoshop 中处理纹理贴图文件

　　根据上面的描述，需要在 Photoshop 中将大部分贴图处理成方形图像，并制作成二方连续的样式，这是为了防止 UV 边缘的衔接处出现明显的接缝。图 4.52 所示为非二方连续的贴图，圆柱的衔接处出现了明显的接缝。

图　4.52

　　二方连续图像的制作方法：在 Photoshop 中打开要处理的纹理贴图，使用【剪裁】命令，锁定 1∶1 的比例，将贴图处理成方形图像。单击【滤镜】>【其他】>【位移】命令，设置水平和垂直方向的位移量，可以看到图像的接缝移动到了图像中间，通过工具箱中的【修补工具】将明显的接缝去除，使原本明显的接缝自然衔接与过渡，如图 4.53 所示。修补完接缝之后，再次执行【位移】命令，设置合适的水平和垂直移动值，使图像回归到原始的位置。这样就形成了方形的、二方连续的图像，将图像贴至三维模型上时，上下边缘之间、左右边缘之间可以产生无缝衔接的效果。

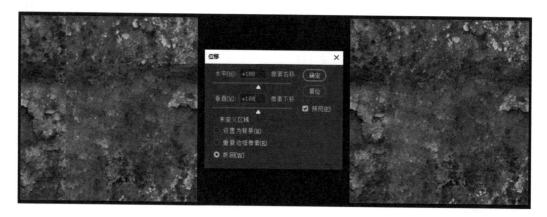

图　4.53

4.3.6 制作墙面材质

步骤/01 制作贴图，在 Photoshop 中合成墙面纹理，使用多张素材进行拼合，形成斑驳的墙面，并使用 4.3.5 节中讲到的方法，把图片边缘处理成二方连续的图像，完成后放置在 House_Project\sourceimages 文件夹中，文件名为 qiang_mian.jpg，效果如图 4.54 所示。

步骤/02 创建材质球并赋予墙面模型。打开 Hypershade，在【创建】面板中找到 Lambert 材质球并单击进行创建，在右侧的特性编辑器中将材质球重命名为 qiang_mian。单击 Color 后面的棋盘格，在弹出的【创建渲染节点】面板中选择【文件】节点，单击【图像名称】后面的文件夹图标，在 sourceimages 文件夹中找到图片 qiang_mian.jpg 作为材质球的贴图。然后将该材质赋予墙面模型，如图 4.55 所示。

图　4.54

图　4.55

步骤/03 调整 UV 映射。单击 UV>【自动】映射，通过同时从多个平面投影自动查找最佳 UV 位置，为选定的墙面模型创建 UV 纹理坐标。执行 UV>【UV 编辑器】命令，打开 UV 编辑器，可以看到执行【自动】映射后的样子如图 4.56（a）所示。看起来模型被拆解成若干块，其实只是对 UV 的拆解，并不是对模型本身的拆解，每个独立的块被称为"UV 壳"。回到透视图，按键盘上的 6 键，可以在模型上显示出贴图纹理。此时 UV 壳所在的位置对应的图像会在模型上显示出来。经过观察发现模型上只显示了贴图的某个局部。这就需要放大 UV 壳，在 UV 编辑窗口中，按住鼠标右键，选择【UV 壳】命令，全选所有的 UV 壳，将 UV 壳放大，使房屋侧面的 UV 壳与整个 qiang_mian.jpg 贴图的大小基本一致，然后依次调整其他 UV 的位置。此时观察透视图中的模型，会发现墙面基本显示出了整个贴图的纹理样式，调整后的 UV 大致如图 4.56（b）所示。

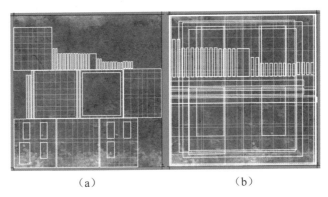

（a）　　　　　　　　　　（b）

图　4.56

步骤/04 制作凹凸贴图，增加墙面表面纹理。在墙面材质球的属性编辑器中找到【凹凸贴图】，单击后面的棋盘格，添加【文件】节点，再单击【图像名称】后面的文件夹图标，在 sourceimages 文件夹中找到 qiang_mian.jpg 文件作为凹凸贴图纹理，再调整【凹凸深度】值为 0.15，如图 4.57 所示。

步骤/05 将同样的材质赋予图 4.58 所示的模型。使用【自动】映射的方式处理 UV，在 UV 编辑器中调整 UV 的方向及位置。

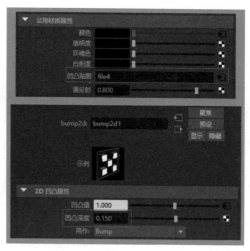

图　4.57

材质赋予完成，效果如图 4.59 所示。

图　4.58

图　4.59

4.3.7　制作屋顶材质

步骤/01　制作贴图，在 Photoshop 中处理屋顶纹理贴图，保存在 House_Project\sourceimages 文件夹中，文件名为 wu_ding.jpg，纹理贴图效果如图 4.60 所示。

步骤/02　创建材质球并赋予屋顶模型。打开 Hypershade，创建 Lambert 材质球，在特性编辑器中将材质球重命名为 wu_ding。单击 Color 后面的棋盘格，添加【文件】节点，单击【图像名称】后面的文件夹图标，在 sourceimages 文件夹中选择图片 wu_ding.jpg 作为材质球的贴图，将该材质赋予屋顶模型。

步骤/03　调整 UV 映射。仍然使用【自动】映射的方式，找到最佳位置放置 UV，在 UV 编辑器中手动调整 UV 壳的大小，调整后的位置如图 4.61 所示。

图　4.60　　　　　　　　　　图　4.61

至此，材质制作完成，效果如图 4.62 所示。

图　4.62

4.3.8　制作窗户和报箱材质

窗户和报箱使用同样的材质，所以放在一起编辑。

1　制作窗户材质

窗户分为窗框和百叶窗两部分。

步骤/01 制作贴图，使用 sourceimages 文件夹中的 wood02.jpg 作为窗框的纹理贴图，使用 wood03.jpg 作为百叶窗的纹理贴图。两张图的纹理相同，在 Photoshop 中处理成颜色不同的方形图，如图 4.63 所示。

图　4.63

步骤/02 创建材质球并赋予窗框模型，打开 Hypershade，创建 Lambert 材质球，在特性编辑器中将材质球重命名为 chuang_kuang。单击 Color 后面的棋盘格，添加【文件】节点，单击【图像名称】后面的文件夹图标，在 sourceimages 文件夹中找到图片 wood02.jpg 作为材质球的贴图。将该材质赋予窗框模型。

步骤/03 调整窗框的 UV 映射，使用【自动】映射的方式，为选定的窗框模型创建 UV 纹理坐标，不需要手动调节，保持默认设置即可。

步骤/04 使用同样的方法，再创建一个 Lambert 材质球，重命名为 bai_ye_chuang。为 Color 属性添加 wood03.jpg 的【文件】节点作为贴图。选择百叶窗模型，并将该材质赋予百叶窗模型。

步骤/05 调整百叶窗的 UV 映射，使用【自动】映射的方式，保持默认设置即可。

至此，完成一扇窗户的制作，效果如图 4.64 所示。

步骤/06 将两个材质分别赋予其他的窗框和百叶窗模型，效果如图 4.65 所示。

图　4.64

图　4.65

2 制作报箱材质

步骤/01 将 chuang_kuang 材质球赋予报箱模型。

步骤/02 单击工具架上的【自动】映射按钮，在 UV 编辑器中调整 UV 映射，使木纹的纹理方向合理。选择 UV 壳并旋转 UV，会在报箱上看到纹理方向的变化，直到都正确为止。报箱的顶盖表面纹理方向一致才合乎逻辑，需要将报箱前端面剪开，选择如图 4.66（a）所示的边，在【UV 工具包】中单击【剪切】，将前端面与顶盖分离，调整两个细条的方向与木纹方向一致即可。调整结果如图 4.66（f）和（g）所示。

步骤/03 如图 4.67 所示，为报箱的凹槽添加一张照片贴图。新建一个 Lambert 材质球，重命名为 bao_xiang_zhao_pian，在 Color 属性下添加图片文件 photo01.jpg 作为贴图。选择凹槽处的两个面，然后将该材质球赋予这两个面。单击 UV>【平面】命令，打开【平面映射选项】窗口，将【投射源】设置为【X 轴】，单击【应用】按钮执行平面映射。在模型上交互调节操纵图标，将照片贴图的比例调整正确。

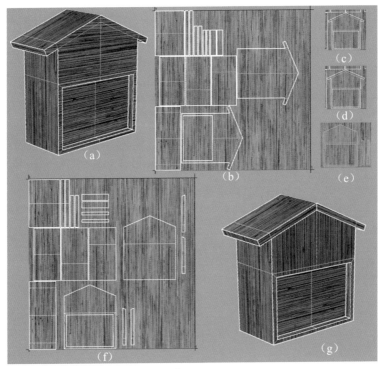

图　4.66

图　4.67

报箱的最终效果如图 4.68 所示。

图　4.68

4.3.9 制作广告牌和电表箱材质

1 制作广告牌材质

广告牌是金属材质，它包括两部分：金属壳和前面的广告贴图。首先制作金属壳部分。

步骤/01 在 Photoshop 中处理贴图，处理成方形图，并且将边缘处理成能无缝衔接的二方连续图，名称为 metal01.jpg，效果如图 4.69 所示。

步骤/02 广告牌锈迹较多，反光少，因此创建 Lambert 材质，重命名为 guang_gao_pai，为 Color 属性添加 metal01.jpg 作为贴图。将材质赋予广告牌模型。执行【自动】映射命令，在 UV 编辑器中调整 UV 壳的大小及位置，如图 4.70 所示。

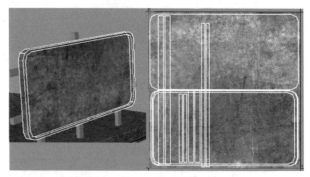

图 4.69　　　　　　　　　　　　图 4.70

步骤/03 添加广告贴图，创建 Lambert 材质，重命名为 guang_gao_pai_zhao_pian，为 Color 属性添加文件 photo01.jpg 作为贴图。选择广告牌的前端面，将材质赋予该面。投射源沿 X 轴方向，执行【平面】映射。交互调节操纵图标，将贴图合理放置在端面上，如图 4.71 所示。

金属壳材质制作完成，效果如图 4.72 所示。

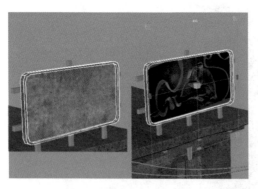

图 4.71　　　　　　　　　　　　图 4.72

2 制作电表箱材质

电表箱材质与广告牌材质相同。选择电表箱模型，将 guang_gao_pai 材质赋予电表箱模型。单击工具架上的【自动】映射按钮，使用最佳的方式映射 UV，效果如图 4.73 所示。

图　4.73

4.3.10　制作广告牌架、房梁、画架材质

广告牌架、房梁和画架材质基本相同，放在一起制作。

1　制作广告牌架材质

步骤/01 使用 wood01.jpg 贴图，如图 4.74 所示。

步骤/02 创建材质球并赋予广告牌的支撑架模型。创建 Lambert 材质球，重命名为 mu_tou_jia_zi，为 Color 属性添加 wood01.jpg 文件作为贴图。将材质赋予广告牌后面的支撑架。执行【自动】映射，在 UV 编辑器中调整 UV 的方向及分布，使长木条形模型上的木纹走向合理，效果如图 4.75 所示。

图　4.74

图　4.75

2　制作房梁材质

选择所有房梁模型，执行【结合】命令，将所有房梁模型结合在一起，将 mu_tou_jia_zi 材质赋予房梁模型。执行【自动】映射，在 UV 编辑器中调整 UV 的方向及分布，使木纹的方向变得合理。制作完成的效果如图 4.76 所示。

图 4.76

3 制作画架材质

步骤/01 将 mu_tou_jia_zi 材质赋予画架模型。

步骤/02 映射 UV，由于画架的摆放角度随意，使用【自动】映射会发生 UV 的扭曲，所以不能采用【自动】映射。画架的 UV 映射需要依次选择共面的面，使用【基于法线】映射来处理，将所有共面的面分别执行一次【基于法线】映射，使木纹走向合理，如图 4.77 所示。

步骤/03 为画架添加照片贴图。创建 Lambert 材质球，重命名为 hua_jia_zhao_pian，为 Color 属性添加 photo02.jpg 文件作为贴图。画架前后两个模型上的大面都赋予此材质。选择贴照片的模型面，执行【基于法线】映射处理 UV。最终效果如图 4.78 所示。

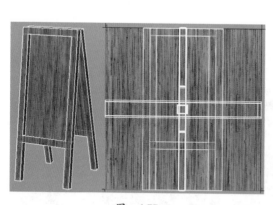

图 4.77

图 4.78

4.3.11 制作烟囱材质

步骤/01 在 Photoshop 中处理锈迹斑斑的金属贴图，处理成方形的二方连续的图像 metal02.jpg，效果如图 4.79 所示。

步骤/02 创建 Lambert 材质，重命名为 yan_cong，为 Color 属性添加图片 metal02.jpg

文件作为贴图。删除烟囱看不见的底面，将此材质赋予烟囱模型。

步骤/03 调整 UV 映射，由于烟囱模型的面走向不一致，需要根据模型面的不同走向采用不同的映射方式。如图 4.80（b）所示，选择侧面，执行【圆柱形】映射，在 UV 编辑器中调整 UV 的大小，注意要让 UV 的左右边缘尽量对齐贴图的边缘，因为烟囱是圆柱形，使 UV 与二方连续的贴图边缘对齐，可以做出无缝衔接的烟囱侧面。如图 4.80（e）所示选择顶面，投影源沿【Y 轴】方向做【平面】映射，再通过操纵图标调整大小。对同类型的面执行同样的操作，过程如图 4.80 所示。

图　4.79

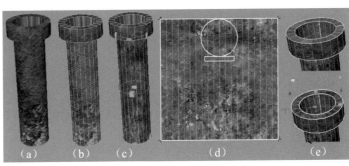

（a）　（b）　（c）　（d）　（e）

图　4.80

步骤/04 材质制作完成，效果如图 4.81 所示。使用同样的方法把 yan_cong 材质赋予另一个烟囱，并调整 UV 的映射。

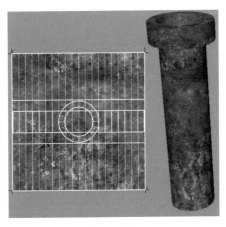

图　4.81

4.3.12 制作烟囱基座、台阶、窗台、电线杆、路灯基座材质

步骤/01 在 Photoshop 中处理两张贴图，处理成方形的图像，名称分别为 stone01.jpg 和 stone02.jpg，效果如图 4.82、图 4.83 所示。

步骤/02 创建两个 Lambert 材质球，分别命名为 stone01 和 stone02。分别为各自的 Color 属性添加图片 stone01.jpg 和 stone02.jpg 文件作为贴图。将材质分别赋予模型，然后根据模型的形状使用【圆柱形】映射或【自动】映射，并在【UV 编辑器】中适当调整 UV。完成的效果如图 4.84 所示。

图 4.82

图 4.83

图 4.84

4.3.13 制作电线、绝缘体、玻璃材质

本节的 3 个材质都没有贴图，只需要简单调节材质球的属性值。

1 橡胶材质的电线

创建一个 Blinn 材质，重命名为 dian_xian，单击 Color 色块，调整颜色为深灰色即可，如图 4.85 所示。将材质赋予所有的电线模型。

2 陶瓷材质的绝缘体

创建一个 Blinn 材质，重命名为 jue_yuan_ti，单击 Color 色块，调整颜色为浅色，将 Specular Color 高光色适当提亮，如图 4.86 所示。将材质赋予所有的绝缘体模型。

图 4.85

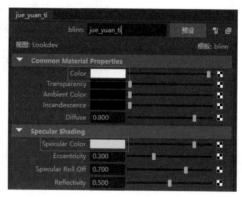
图 4.86

3 玻璃材质

创建一个 Blinn 材质，重命名为 bo_li，调整颜色和不透明度至合适的值，如图 4.87 所示。将玻璃材质赋予门上方的方形模型。

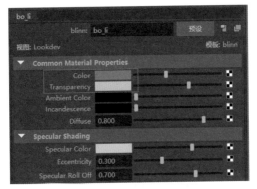

图　4.87

电线、绝缘体和玻璃材质的效果如图 4.88 所示。

图　4.88

4.3.14　制作路灯杆、电线卡子材质

步骤/01 在 Photoshop 中处理贴图为方形二方连续图片，保存在 sourceimages 文件夹中，文件名称 lu_deng_gan.jpg，效果如图 4.89 所示。

图　4.89

步骤/02 创建 Lambert 材质球，重命名为 lu_deng_gan，为材质球的 Color 属性添加【文件】节点，找到图片 lu_deng_gan.jpg 作为贴图。选择路灯除基座外的所有模型面，将此材质赋予所选模型面。

步骤/03 选择路灯模型中间的灯杆圆柱形面，执行【圆柱形】映射，并在 UV 编辑器中调整 UV。选择灯头的所有模型面，使用【自动】映射处理 UV。

步骤/04 选择图 4.90 所示的灯罩面，赋予 4.3.13 节制作的 jue_yuan_ti 材质，作为灯罩。路灯的最终效果如图 4.91 所示。

步骤/05 将 lu_deng_gan 材质赋予电线卡子模型，并使用【自动】映射调整 UV，效果如图 4.92 所示。

图 4.90   图 4.91   图 4.92

4.3.15 制作门框、角铁材质

步骤/01 在 Photoshop 中处理一张铁锈质感的贴图，文件名为 tie_xiu.jpg，效果如图 4.93 所示。

图 4.93

步骤/02 模型锈迹较多，使用 Lambert 材质，创建材质球，重命名为 tie_xiu，为材质球的 Color 属性添加【文件】节点，找到图片 tie_xiu.jpg 作为贴图。将此材质赋予门框、门闩、角铁等模型，并使用【自动】映射的方式调整 UV，效果如图 4.94 所示。

图　4.94

4.3.16　制作门、花盆材质

步骤/01 在 Photoshop 中处理木纹材质，作为木门和花盆的贴图，文件名称为 mu_men.jpg，如图 4.95 所示。

步骤/02 创建 Lambert 材质球，重命名为 mu_men，为材质球的 Color 属性添加【文件】节点，找到图片 mu_men.jpg 作为贴图。将此材质赋予门模型，门的模型包括两扇门和 4 个支撑条。使用【自动】映射的方式分别处理这 6 个模型的 UV，在 UV 编辑器中调整 UV 的走向，使木门模型上木条的方向与贴图中木纹的走向一致，效果如图 4.96 所示。

步骤/03 将 mu_men 的材质赋予两个花盆，结合使用【圆柱形】映射和【自动】映射的方式处理 UV，并在 UV 编辑器中调整 UV 的位置，使贴图木纹的走向合理，效果如图 4.97 所示。

图　4.95

图　4.96

图　4.97

4.3.17 制作石棉瓦材质

步骤/01 将石棉瓦贴图在 Photoshop 中处理成方形图，文件名为 shi_mian_wa.jpg，效果如图 4.98 所示。

步骤/02 创建 Lambert 材质球，重命名为 shi_mian_wa，为材质球的 Color 属性添加【文件】节点，找到图片 shi_mian_wa.jpg 作为贴图。将材质赋予石棉瓦模型，同样使用【自动】映射的方式处理 UV，效果如图 4.99 所示。

图 4.98

图 4.99

4.3.18 制作地面材质

步骤/01 地面材质用到两张贴图，文件名分别为 di_mian.jpg 和 ma_lu.jpg，这两张图都是二方连续的，如图 4.100、图 4.101 所示。

图 4.100

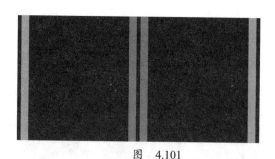

图 4.101

步骤/02 创建 Lambert 材质球，重命名为 di_mian，为材质球的 Color 属性添加【文件】节点，找到图片 di_mian.jpg 作为贴图。将材质赋予地面模型。使用【平面】映射的方式处理 UV，在 UV 编辑器中调整 UV 的大小，让贴图中的石块看起来大小合适，如图 4.102 所示。

步骤/03 再创建一个 Lambert 材质球，重命名为 ma_lu，为材质球的 Color 属性添加【文件】节点，找到图片 ma_lu.jpg 作为贴图。将材质赋予房子旁边的、作为马路的模型面，如果模型面的宽度不合适，可以通过改变模型上线的位置来改变面的宽度，效果如图 4.103 所示。

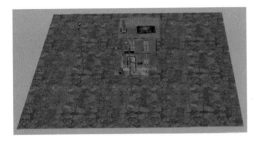

图　4.102

图　4.103

4.3.19　将植物默认材质转换成 Arnold 材质的操作技巧

本案例中的植物模型使用的是 Paint Effects 中的现成模型，它们自带材质，使用 Arnold 渲染器时不能正确渲染，渲染结果如图 4.104 所示。要解决这个问题，需要将植物的默认材质转换为 Arnold 材质。

步骤/01 选择植物模型，执行【修改】>【转化】>【Paint Effects 到多边形】命令，将模型转换成多边形。

步骤/02 选择其中的叶子模型，在叶子材质的属性编辑器中，将【类型】由 Phong 改为 AiStandardSurface，如图 4.105 所示。

图　4.104

图　4.105

步骤/03 切换之后如图 4.106 所示，部分节点被断开，Maya 的命令行会发出错误警告，提示找不到 Color 颜色属性，这是因为 Arnold 只有 Base Color 属性，没有 Color 属性，Opacity 属性也断开了，导致叶子变得不透明了。需要按照图 4.107 所示的样子重新连接节点，首先，在 Hypershade 窗口的菜单中单击【创建】>Arnold Utility Shader >Ai Color Correct 命令，会在窗口中出现颜色校正节点 aiColorCorrect1，将 sideleaf.rgb 节点的【输出颜色】连接到 aiColorCorrect1 节点的

Input 上，将 aiColorCorrect1 节点的 Out Color 连接到 Opacity 上，在 aiColorCorrect1 节点的特性编辑器中将 Exposure 值调到最高，然后将 ramp2 的【输出颜色】连接到 Base Color 上。

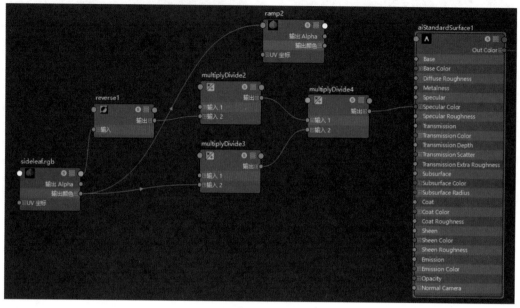

图　4.106

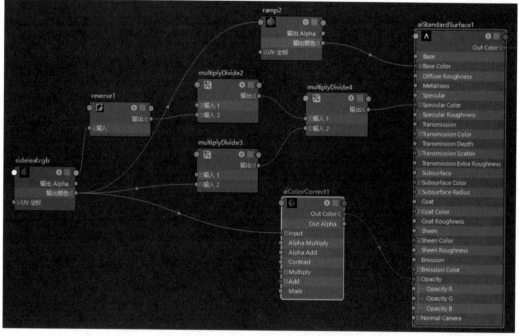

图　4.107

步骤/04 使用同样的方法，将花朵和花茎的材质也替换成 Arnold 材质。为场景添加天光灯作为测试光源，使用 Arnold 渲染器进行渲染测试，可以看到模型可以正常渲染出来，如图 4.108 所示。

步骤/05 使用同样的方法处理另一个花盆里植物的材质，处理前后的对比效果如图 4.109 所示。

图 4.108　　　　　　　　　　　　　图 4.109

4.4　灯光与渲染

· · · · · · ·

4.4.1　设置灯光

为场景设置合适的灯光，本案例是室外场景，需要创建天光照亮整体环境，创建平行光来模拟太阳光，创建区域光做局部的补光。

步骤/01 在工具架上单击 Arnold 组中的 Create SkyDome Light 按钮创建天光，在属性编辑器中单击 Color 后面的棋盘格图标，在弹出的【创建渲染节点】面板中，单击【文件】创建文件节点，再单击【图像名称】后面的文件夹图标，在本案例的目录中找到 sourceimages\hdri_color.hdr 文件，为天光添加 HDR 贴图以模拟真实的室外环境，照亮整个场景，如图 4.110 所示。

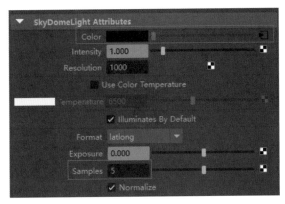

图 4.110

步骤/02 在工具架上单击【渲染】组中的【平行光】按钮，为场景创建一盏平行光，用于模拟太阳光。在属性编辑器中，保持默认灯光强度，勾选【使用光线跟踪阴影】选项，使平行光能够产生阴影。适当提高【阴影光线数】和【光线深度限制】值，如图4.111所示。【阴影光线数】数值越小，阴影的边缘就越锐利；数值越大，阴影的边缘就越柔和。【光线深度限制】值可以改变灯光光线被反射或折射的最大次数，该数值越小，反射次数就越少。在透视图中调整新平行光的方向。

步骤/03 在工具架上单击Arnold组中的Creat Area Light按钮创建面光源，调整灯光的角度，放置在花盆旁边，用做植物的补光，如图4.112所示。

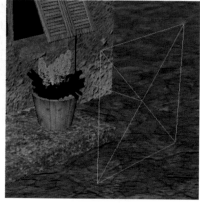

图 4.111　　　　　　　　　　　　　图 4.112

4.4.2 渲染输出

图 4.113

步骤/01 单击【创建】>【摄像机】>【摄像机和目标】命令，创建摄像机camera1，保持摄像机的选择状态，单击【面板】>【沿选定对象观看】命令，即可沿着摄像机的视角观看，调整至合理的角度。

步骤/02 单击【窗口】>【渲染编辑器】>【渲染设置】命令，打开【渲染设置】窗口，选择Arnold Render渲染器，在Renderable Camera下拉列表框中选择camera1。在【图像大小】卷展栏中的【预设】下拉列表中选择2k_Square，即渲染图像的大小是2048×2048，如图4.113所示。

步骤/03 默认情况下，用于环境照明的.hdr图像将被渲染出来包含在背景中，如图4.114所示。我们想要的结果是带透明背景的房屋图像。若要从最终渲染的结果中排除此贴图，可以在aiSkyDomeLightShape1的属性编辑器中，将Visibility卷展栏中的Camera值调整为0，如图4.115所示。

可见性(Visibility) > 摄像机(Camera) ▪ 1　　　　　　可见性(Visibility) > 摄像机(Camera) ▪ 0

图　　4.114

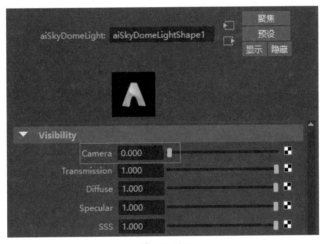

图　　4.115

步骤/04 渲染颜色图。

　　单击【渲染】>【渲染当前帧】命令，会弹出【渲染视图】面板并进行渲染。渲染完成后，在生成的图像上右击，选择【文件】>【保存图像】命令，选择 Targa 格式，保存在案例所在目录的 images 文件夹中，命名为 pic_2K.tga。Targa 格式的图像可以保存 Alpha 通道，便于后期做图像的合成处理。渲染结果如图 4.116 所示，可见颜色暗淡，立体感不够强，细节表现不够丰富，这些问题需要配合下一步渲染的 AO 图来解决。AO 的全称是 Ambient Occlusion，意为"环境遮挡"。AO 图可以为图像提供阴影和暗部细节，可以表现出模型之间的素描明暗关系。

步骤/05 首先整理模型，在【大纲视图】面板中选择场景中所有模型，按 Ctrl+G 快捷键打组，将组重命名为 PIC，在通道盒中的【显示】面板中，单击【创建新层并指定选定对象】按钮，创建名称为 Layer1 的新层，双击新层，在弹出的对话框中将层重命名为 pic。

图　4.116

在【大纲视图】面板中，选择 PIC 组，按 Ctrl+D 快捷键复制组，双击新复制的组，重命名为 AO，同样在【显示】面板中单击【创建新层并指定选定对象】按钮，创建新层并命名为 ao。这样用于渲染颜色图的模型和用于渲染 AO 图的模型分别放置在不同的层中，便于后续的渲染操作，如图 4.117 所示。

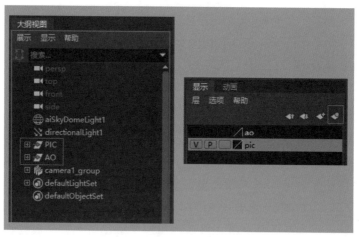

图　4.117

在【显示】面板中关闭 pic 层，勾选 ao 层，在【大纲视图】面板中单击 AO 组，选择所有 AO 组的模型。打开 Hypershade 面板，选择 aiAmbientOcclusion 材质球，在材质球上右击，选择【为当前选择指定材质】命令，AO 组的模型被指定了环境遮挡材质球。在属性面板中，调整 Samples 的值为 10，Far Clip 的值为 200.000，如图 4.118 所示。

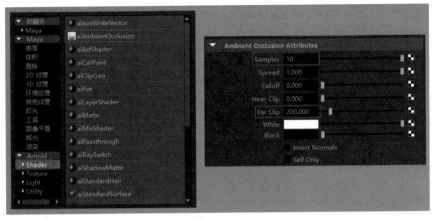

图 4.118

渲染之前，必须要保证 AO 图和颜色图的角度完全一致，这就需要保证摄像机 camera1 的位置、角度等属性不变。选择【面板】>【透视】>camera1 摄像机，切换至摄像机视角。

单击【渲染】>【渲染当前帧】命令，会弹出【渲染视图】面板并进行渲染。渲染完成后，在生成的图像上右击，选择【文件】>【保存图像】命令，选择 Targa 格式，保存在案例所在目录的 images 文件夹中，命名为 ao_2K.tga，AO 图效果如图 4.119 所示。

图 4.119

步骤/06 在 Photoshop 中合成颜色图和 AO 图。AO 图用来增强阴影细节和边缘，可以增加三维渲染图像的真实感。步骤 05 中渲染的 Targa 格式的 AO 图带有 Alpha 通道，在 Photoshop 的【通道】面板中，按住 Ctrl 键单击 Alpha1 图层，即可选中主体。回到【图层】面板，单击【添加图层蒙版】按钮，这样会得到透明背景的 AO 图。

在 Photoshop 中，按住 Shift 键，将处理过的 AO 图 ao_2K.tga 拖动至颜色图 pic_2K.tga 中，然后释放鼠标，可以把 AO 图放置在颜色图的中心位置，以保证 AO 图和颜色图是对齐的。

将 AO 图层的混合模式改为【叠加】，可以提亮整个场景，增加阴影的细节，增强明暗对比关系，使模型更加具有立体感。再适当调整整个图像的对比度、饱和度等，增强图像的显示效果。为合成的图像添加蓝色渐变的天空背景，效果如图 4.120 所示。根据个人的制作情况，如果场景过亮，可以适当降低 AO 图层的不透明度。

图　4.120

保存效果图至 House_Project\images 文件夹中，命名为 output_2k.jpg。至此，房屋案例的制作完成。

4.5　要点总结

本章详细讲解了房屋案例的制作，使用了常规的制作流程，全部在 Maya 软件中完成，包括创建文件、建模、UV 映射、纹理贴图、材质、灯光、渲染输出等。

通过本章的学习，读者需要进一步掌握建模技巧，掌握 UV 的快速映射方法。关于拆分 UV 更多、更规范的操作技巧将在第 5 章和第 6 章中讲解。还要掌握绘制贴图的技法，以及不同材质的调试方法，学会将普通材质转换成 Arnold 材质的设置方法。学会合理布置灯光，多观察生活中的场景，熟悉光影的特点，并能在 Maya 中表现出来。熟悉渲染的基本操作，掌握渲染的操作技巧，学会将颜色图与 AO 图相结合，以加强最终的输出效果。

2

第2部分

PBR流程初级案例

第 5 章　次世代高仿真弹药箱案例

本 章 概 述

　　本章使用标准的 PBR 流程制作次世代高仿真弹药箱案例，使用了 Maya、ZBrush、xNormal、Substance Painter 和 Marmoset Toolbag 等软件。本章将详细讲解弹药箱案例的中模制作、高模制作、低模制作、拆分 UV、烘焙贴图、在 Substance Painter 中绘制贴图、在八猴中渲染输出等内容。读者通过本案例能够掌握 PBR 流程的各个环节，能够掌握各个软件的主要功能。

学 习 目 标

　　（1）进一步熟悉 Maya 的使用方法。

　　（2）掌握 ZBrush、xNormal、Substance Painter 和 Marmoset Toolbag 等软件的使用方法。

　　（3）掌握拆分 UV 的标准方法。

　　（4）掌握烘焙贴图的方法。

　　（5）掌握绘制贴图的方法。

　　（6）掌握不同软件之间相互配合使用的方法。

5.1　准 备 工 作

· · · · · ·

本章制作的高仿真弹药箱如图 5.1 所示。

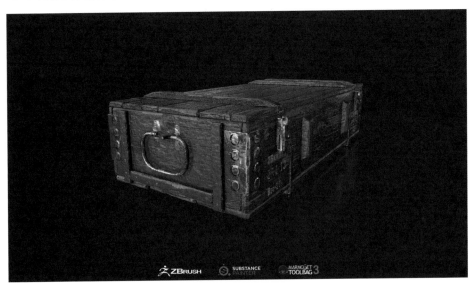

图　5.1

用到的软件工具包括：Maya、ZBrush、xNormal、Photoshop、Substance Painter、Marmoset Toolbag，各软件的标志如图 5.2 所示。

图　5.2

制作流程：在 Maya 中制作中模，在 ZBrush 中制作高模，返回 Maya 制作低模，拆分低模的 UV，结合 xNormal 和 Substance Painter 烘焙贴图，并绘制材质贴图，最后在 Marmoset Toolbag 中输出。本章会介绍两种烘焙贴图的方法。

这里讲到的中模、高模和低模是指模型面数的多少。中模起到衔接高模和低模的中间作用，在中模基础上添加细节制作出高模，然后在中模的基础上尽可能减少模型的面数，制作出低模。烘焙贴图的过程是低模拾取高模上的细节的过程。最终在游戏中使用的是低模，但是低模上的贴图是烘焙的高模上的丰富细节。这样就可以使用最少面数的模型表现出最丰富的视觉效果。

首先，做好项目文档的设置。单击【文件】>【项目窗口】命令，在弹出的窗口中单击【新建】按钮，设置【位置】为 D:/dyx，命名为 dyx_Project，其他位置保持默认设置，如图 5.3 所示。单击【接受】按钮，即可完成项目的设置。

图　5.3

单击【文件】>【场景另存为】命令，将场景命名为 dyx_v01_mid，存储在项目文件的 scenes 文件夹中，如图 5.4 所示。

图 5.4

将制作弹药箱的参考图放置在项目文件夹的 sourceimages 文件夹中。

按住 Ctrl+Shift 键的同时，分别单击【编辑】>【按类型删除全部】>【历史】命令、【修改】>【冻结变换】命令、【修改】>【重置变换】命令、【修改】>【中心枢轴】命令，将这几个常用的命令放置在工具架上，以便于快速调用，如图 5.5 所示。

图 5.5

5.2 制作中模

5.2.1 中模制作规范

本节开始制作中模，要遵循以下规则进行制作。

（1）中模主要用于塑造大型，要把握好模型的比例。

（2）模型线框尽量为四边形，以便于制作高模。

（3）不制作小的倒角边。

（4）不做锁边。

（5）中模不限制面数。

5.2.2 制作弹药箱木质箱体的中模

步骤/01 在栅格中心位置创建立方体，设置【宽度】值为10、【高度】值为4、【深度】值为23，如图5.6所示。

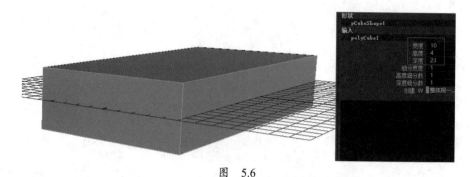

图 5.6

步骤/02 单击【着色】>【着色对象上的线框】命令，显示出对象上的线框。创建立方体，并按照图5.7（a）所示的样子调整比例，将顶面沿 X 轴方向缩小。如图5.7（c）所示，选中下面两端的边，按住 Shift 键与鼠标右键，选择【倒角边】命令，设置【分数】值为0.2。使用【连接组件】命令将图5.7（d）所示的两个点连接起来，形成四边面。将木条放置在合适的位置上。

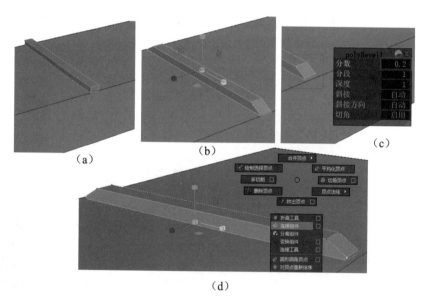

（a）　　　　　　（b）　　　　　　（c）

（d）

图 5.7

步骤/03 选择木条，依次单击工具架上的【冻结变换】和【重置变换】命令，使木条的中心枢轴重置到栅格中心位置。执行【特殊复制】命令，在【特殊复制选项】窗口中选择【实例】选项，设置【缩放 Z】值为 -1，单击【特殊复制】按钮，关联复制出另一根木条。再关联复制出第三根木条，并放置在合适的位置上，如图5.8所示。本步骤中采用的是关联复制，编辑一根木条时，其他相关联的木条模型会同步变化，5.3 节制作高模时能够快速完成模型的细化操作。

图　5.8

步骤/04 创建立方体，调整大小，并使用【特殊复制】命令关联复制另一根木条，放置在弹药箱底部的合适位置，如图 5.9 所示。

步骤/05 创建立方体，放置在弹药箱侧面的合适位置，并适当缩小外侧面。依次单击工具架上的【冻结变换】和【重置变换】命令，将操纵轴重置到视图原点的位置。执行【特殊复制】命令，关联复制出另一根木条，如图 5.10 所示。

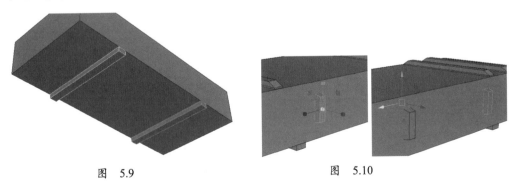

图　5.9　　　　　　　　　　　图　5.10

步骤/06 选择弹药箱的垂直边，按住 Ctrl 键与鼠标右键，选择【环形边工具】>【到环形边并分割】命令，添加一条中割线，对中割线执行【倒角边】命令，设置【分数】值为 0.81。生成的两条线分割出了箱子的上、下盖子，如图 5.11 所示。

97

步骤/07 使用与步骤 06 同样的方法，如图 5.12（a）所示，在垂直方向上也做出两条线。如图 5.12（b）所示，在两个方向上分别做出中割线，作为参考线使用。

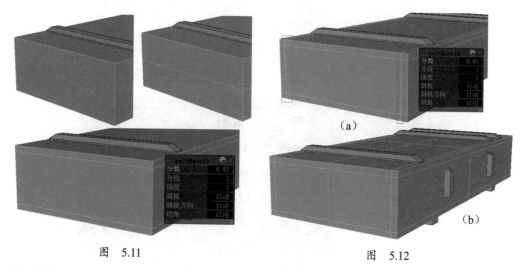

图 5.11   图 5.12

步骤/08 在侧面创建立方体，调整比例，并调整立方体顶面低于主体的盖板，将立方体沿 X 轴方向移动 -3.2。按照图 5.13（b）做出另外两个立方体。选择同侧的 3 个立方体，按 D+V 组合键，并在盖板中线交叉点位置按住鼠标中键并晃动，即可将 3 个立方体的枢轴点设置在该交叉点的位置，使用【特殊复制】命令，在箱体另一侧关联复制出 3 个立方体。

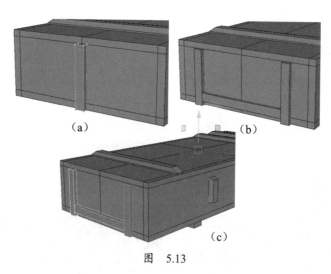

图 5.13

至此，完成了木质箱体的中模制作。

5.2.3 制作弹药箱金属构件的中模

步骤/01 创建图 5.14（a）所示的立方体，调整比例，并在下边加一条线。选择下边的面做【挤出面】操作，调整【局部平移 Z】值至合适的大小。为弹药箱下面的木条添加一条中线，使用【捕捉】工具，让新创建的L形金属件与木条中线对齐。通过调整中心枢轴的位置，使用【特殊复制】命令，关联复制出另外3个L形金属件。

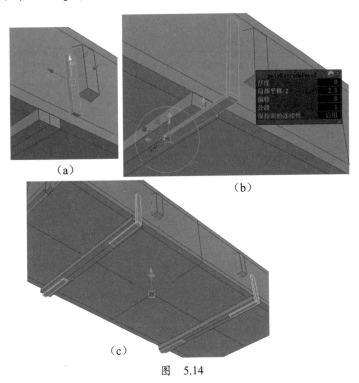

(a)

(b)

(c)

图　5.14

步骤/02 复制步骤01中制作的L形金属件，放置在弹药箱的拐角处，通过调整点或面使模型变薄，调整模型的形状和比例。修改模型的中心枢轴至弹药箱的中心线交点处，通过【特殊复制】命令，关联复制出另外3个模型，如图5.15所示。

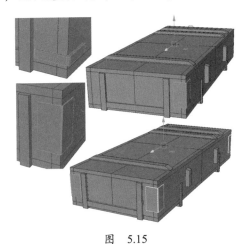

图　5.15

步骤/03 复制步骤02中制作的模型，放置在顶盖侧边位置，在此基础上制作合页，调整模型的大小和比例。如图5.16（b）所示，选择边角的4条小短边，执行【倒角边】命令，设置【分数】值为0.7、【分段】值为3，制作出圆角的过渡。使用【连接组件】命令连接点，使模型上的面都为四边面。

创建一个圆柱体，调整【轴向细分数】值为8，调整大小和比例，调整通道盒中【旋转Z】值为22.5，旋转模型使临近箱体的面与箱体侧面平行。

分别选择刚创建的两个模型，单击工具架上的【删除历史】和【冻结变换】命令。设置模型的中心枢轴点至箱体中线交叉点处，使用【特殊复制】命令，关联复制另一个合页，如图5.16（f）所示。

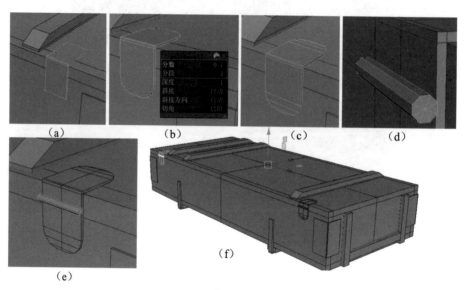

（a）　　　　（b）　　　　（c）　　　　（d）

（e）

（f）

图　5.16

步骤/04 制作挂钩。单击【创建】>【多边形基本体】>【管道】命令，调整至合适的大小和比例，使其比木条略窄一些。在木条上添加一条中线，使管道体与木条中线对齐。删除上面一半模型，选择开口处的边，执行【填充洞】命令，使模型封闭。按照图5.17(c)和（d）所示的样子，反复执行【挤出面】命令，完成挂钩模型，并放置在合适的位置上。

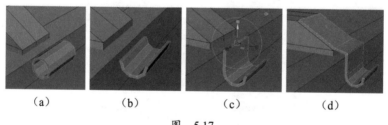

（a）　　　　（b）　　　　（c）　　　　（d）

图　5.17

步骤/05 创建立方体，调整比例，放置在挂钩下面，宽度比挂钩略宽。在模型上加线，按图5.18（c）所示删除面。如图5.18(d)所示，选择前面两侧的垂直线，执行【倒角边】命令，制作出斜面。缩小模型的底面，形成上面大、下面小的倒梯形。全选面，执行【挤出面】命令，调整挤出的模型，保持形体的厚度基本一致。选择【网格显示】>【反向】命令，翻转法线方向。如图5.18（g）所示，对上面的两条短边执行【倒角边】命令，将【分段】值设置为2。如图5.18(h)所示，整理模型，使面都成为四边面。如图5.18(i)所示，创建圆柱体，将【轴向细分数】值设置为8，调整大小和比例，放置在合理的位置上。

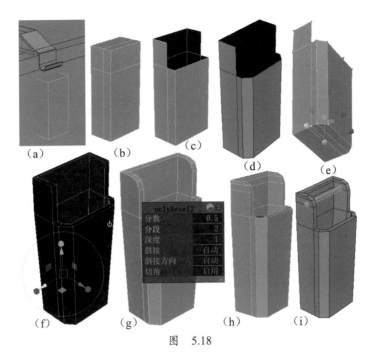

图 5.18

创建圆环制作卡扣，调整【轴向细分数】和【高度细分数】值都为12，删除一半模型，如图 5.19（c）所示，选择四分之一模型，执行【分离】命令。如图 5.19（d）所示，根据卡扣的宽度调整两段模型的位置，然后对一个模型的截面边执行【挤出边】命令，使挤出的模型与另一段模型对齐，再执行【结合】命令、【合并顶点】命令，将两段模型焊接在一起。整体复制，并镜像放置在另一侧，分别执行【挤出边】【结合】【合并顶点】等命令，得到如图 5.19（f）所示的带圆角的环形卡扣模型。调整模型，并放置在合理的位置上，如图 5.19（g）所示。

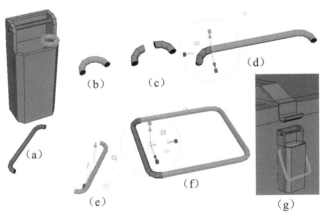

图 5.19

选择挂钩、卡扣模型，执行【历史】和【冻结变换】命令。全选创建好的挂钩和卡扣模型，按 D+V 快捷键，配合鼠标中键，将中心枢轴点调整至箱体中线交点处。执行【特殊复制】命令，设置【缩放 Z】值为 -1，关联复制出另一侧的模型，如图 5.20所示。

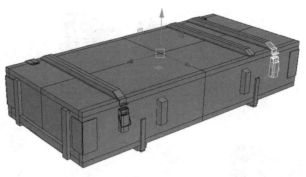

图 5.20

步骤/06 制作侧面的提手。如图5.21（a）和（b）所示，创建CV曲线，根据提手的走向，调整曲线上的控制点。创建圆柱体，调整【轴向细分数】值为16，选择圆柱体，长按键盘上的C键，激活【捕捉到曲线】功能，配合鼠标中键，使圆柱体与曲线的端点对齐。选择圆柱体的端面，按住Shift键，加选CV曲线，执行【挤出面】命令，设置【分段】值为45。调整提手末端拐弯处线的走向，并再添加一条截面线，使模型的走向更加顺畅。调整好提手的位置，单击工具架上的【历史】命令，删除历史记录，再删除之前创建的CV曲线。

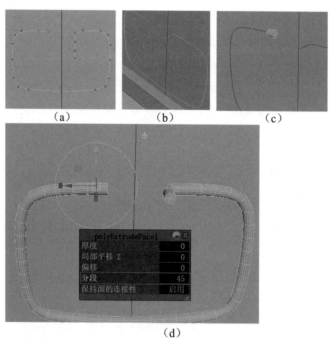

图 5.21

　　创建【管道】模型，调整大小和比例，删除一半，如图5.22（b）所示，对截面执行【挤出面】命令，再加线，并分别向上和向下执行【挤出面】命令。复制模型至另一侧，挤出图5.22（e）所示的面。执行【结合】【合并顶点】等命令，将两部分焊接起来。再对图5.22（f）所示的角执行【倒角边】命令，将【分段数】值都设置为3，制作出圆角过渡。

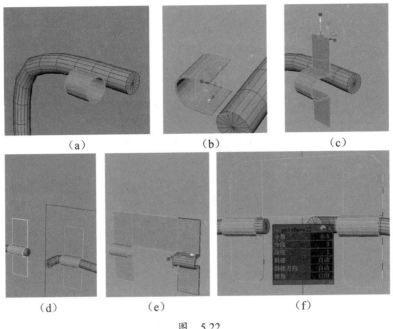

（a）　　　　　　　　　　（b）　　　　　　　　　　（c）

（d）　　　　　　　　　　（e）　　　　　　　　　　（f）

图　5.22

对两个模型执行【历史】【冻结变换】命令。全选模型，设置中心枢轴至箱体中线交点处，执行【特殊复制】命令，关联复制提手模型至另一侧，如图5.23所示。

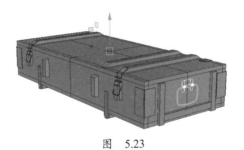

图　5.23

至此，金属构件的中模制作完成，按 Ctrl+S 快捷键保存场景。

5.3　制作高模

高模主要是指模型的面数多、细节多，不限制面数。由于弹药箱有较多的磨损，在 Maya 中制作磨损的细节比较困难，所以高模主要使用 ZBrush 来完成。在 ZBrush 中会通过细分，大量增加模型的面数，进而雕刻出磨损的细节。为了能够在 ZBrush 中将模型细分均匀，需要事先在 Maya 中做好锁边和加线工作。

5.3.1　在 Maya 中制作基础高模

打开 dyx_v01_mid.mb 文件，单击【文件】>【场景另存为】命令，将文件命名为

dyx_v02_high，放置在 scenes 文件夹中。全选所有模型，在【显示】面板中单击【创建新层并指定选定对象】按钮，双击层，将其命名为 mid，代表中模层。按 Ctrl+D 快捷键复制中模模型，同样单击【创建新层并指定选定对象】按钮，双击层，将其命名为 high，代表将要处理的高模层，如图 5.24 所示。

图　5.24

下面对 high 层的模型通过加线做初步的细分和锁边工作。锁边是为了固定模型，保持模型的形状，否则在 ZBrush 中细分模型时会发生严重变形。

弹药箱模型的材质包括木质和金属两种，两种材质需要采取不同的处理方式。木质较软，锁边不能锁太窄，锁边越窄，看起来越硬。而金属的边相比木质要锁得略窄一些。在 Maya 中做初步细分时要注意，同一种材质的模型，细分面的大小要基本一致，也就是所有的木纹材质要细分一致，所有的金属材质要细分一致。

步骤/01 从木箱开始制作。整理箱体模型上的线，使上、下盖板压住侧面的板子。按照上、下两个盖板和 4 个侧板，将箱体分离开。根据图 5.25（d），为上盖板加 5 条线，为下盖板加两条线，并调整线的走向，使每个木条的形状有差别。分别选择木板上被线分开的面，按住 Shift 键与鼠标右键，执行【提取面】命令，将盖板模型分离成多个独立的木板。通过【挤出面】命令将侧面的两个短板挤出厚度。如图 5.25（e）~（g）所示，使用【附加到多边形工具】和【填充洞】命令，把木板缺少的面补上，把每一块木板都做成有 6 个完整面的立方体，最终效果如图 5.25（h）所示。

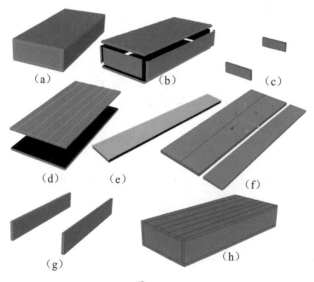

(a)　(b)　(c)　(d)　(e)　(f)　(g)　(h)

图　5.25

次世代三维模型案例实战——基于 PBR 流程（微课视频版）

初步细分箱体，为木质箱体锁边，木头材质锁边不要锁太窄。如图5.26（b）和（c）所示，加线细分中间面。选择一条边，按住 Ctrl 键与鼠标右键，选择【环形边工具】>【到环形边并分割】命令，可以在与所选边垂直的方向添加一条中线，选择新加的中线，按住 Shift 键与鼠标右键，向右拖曳鼠标，选择【倒角边】工具，设置【分数】和【分段】值，把一条中线变成多条线，让形成的面基本上呈正方形，这样就做到了均匀细分。所有的模型都做相同的操作，具体参数视个人的模型而定，会有所差别，最终效果如图5.26（d）所示。

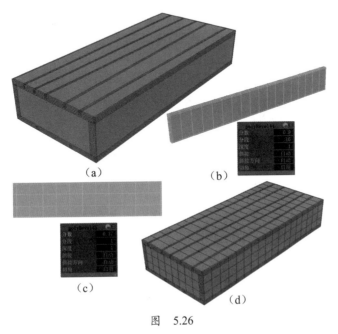

图 5.26

步骤/03 使用与步骤02相同的方法，为其他木条锁边和做初步的细分。由于之前对相同的模型做了关联复制，所以相同的模型只做一个，其他模型会有相应的变化，如图5.27所示。

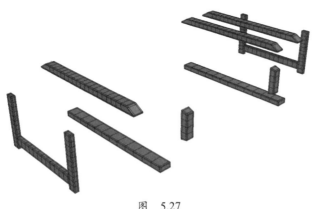

图 5.27

步骤/04 为金属构件锁边和初步细分。金属构件偏硬，初步细分的面数可以多一些。如图5.28（a）和（b）所示，细分拐角模型，首先改变转角处线的走向，选择内侧转角处的线，执行【倒角边】命令，设置【分段】值为2，然后整理线，做成图5.28（c）所示的样子。为所有的边锁边，再加线细分大面，最终效果如图5.28（g）所示。

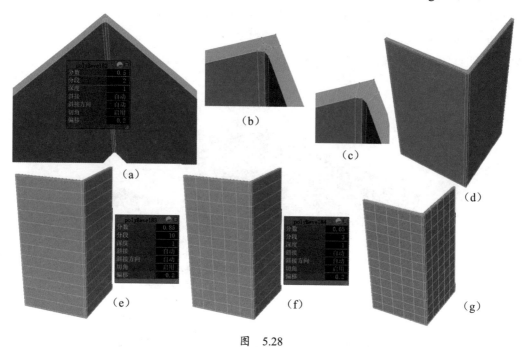

图　5.28

步骤/05 按照图5.29所示的样子，先锁边，再细分。

步骤/06 按照图5.30所示的样子，先锁边，再细分。

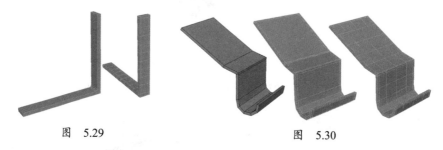

图　5.29　　　　　　　　　　图　5.30

步骤/07 按照图5.31所示的样子，先锁边，再细分，并且细分转轴和锁扣。

步骤/08 按照图5.32所示的步骤处理合页。先使用与步骤04相同的方法，修改如图5.32（b）所示的转角线的走向。为所有的边做锁边处理，然后为面做细分操作。

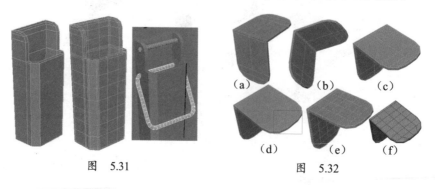

图　5.31　　　　　　　　　　图　5.32

步骤/09 处理合页的转轴，在中间制作两个凹槽，在两个端面制作凸起，然后对所有的边锁边，并做细分面。制作步骤如图 5.33 所示。

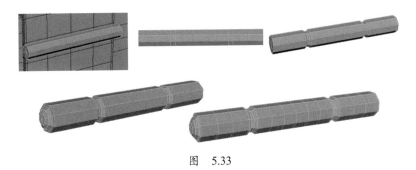

图 5.33

步骤/10 处理提手，只给端面边缘锁边即可，如图 5.34 所示。

图 5.34

步骤/11 处理图 5.35 所示的模型，先使用【多切割】工具，按照如图 5.35（b）的样子进行面的切割，使面都呈四边形面。为所有的边锁边，再使用【插入循环边】工具细分模型的面。整理模型上的线，如图 5.35（d）所示，把非边缘位置但挨得比较近的线删除，但是具有锁边作用的线需要保留下来。

步骤/12 制作钉子。创建圆柱体，删除底面，适当缩小顶面，使其呈梯形样式。处理边缘，先对顶面边缘做【倒角边】操作，再做锁边操作。放置在合适的位置上，并通过多次复制和摆放，完成所有钉子的制作。钉子摆放完毕，弹药箱的基础高模就制作完成了，如图 5.36 所示。

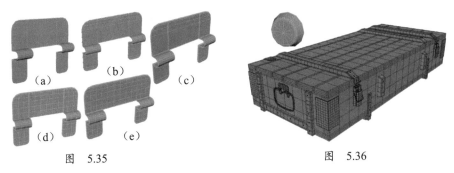

图 5.35　　　　　　　　　　　　图 5.36

步骤/13 全选所有模型，删除历史记录，执行【冻结变换】命令。执行【修改】>【转化】>【实例到对象】命令，将之前设置的有关联关系的模型转换成独立的对象，取消模型之间的关联。

步骤/14 分组导出。先分组，将同组的模型结合在一起，并打开【大纲视图】进行命名。分组的原则是同组的模型不相邻、不穿插。将图 5.37 所示的被选中的模型结合起来，并在【大纲视图】中重命名为 wood01，同理，【结合】图 5.38 中所选模型并命名为 wood02，【结合】图 5.39 中所选模型并命名为 wood03，【结合】图 5.40 中所选模型并命名为 wood04，【结合】图 5.41 中所选模型并命名为 wood05，【结合】图 5.42中所选模型并命名为 wood06，【结合】图 5.43 中所选模型并命名为 metal01，【结合】图 5.44 中所选模型并命名为 metal02，【结合】图 5.45 中所选模型并命名为 dingzi。

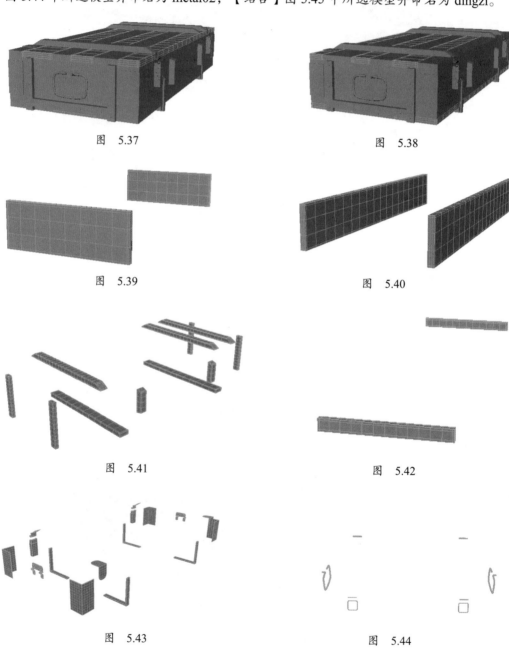

图　5.37　　　　　　　　　　　　　图　5.38

图　5.39　　　　　　　　　　　　　图　5.40

图　5.41　　　　　　　　　　　　　图　5.42

图　5.43　　　　　　　　　　　　　图　5.44

图　5.45

注意：在将模型导入 ZBrush 之前，必须把模型处理好，因为这是一个不可逆的操作。首先要保证没有超出四边形的面，使用 Maya 中的检查面操作可以快速选择错误的多边形，然后进行处理。如果没有这步操作，ZBrush 会自动处理模型，会把已有的多边面自动变成三角面，自动处理的结果可能是我们不想要的模型布线效果。按住 Shift 键与鼠标右键，选择【清理】命令，在【清理选项】窗口中选择图 5.46 所示的选项，再单击【应用】按钮，如果存在有问题的面，会被选中，仔细观察以后修改即可。

图　5.46

全选所有分完组的模型，再次删除历史记录，执行【冻结变换】命令。单击【文件】>【导出当前选择】命令，在弹出的对话框中选择文件类型为 OBJexport，将文件命名为 high_to_ZB，导出至 scenes 文件夹中。

5.3.2　ZBrush 软件的基本使用方法

1　工作界面

ZBrush 的工作界面并不复杂。它主要由菜单栏、工具架、导航栏、托盘、画布等几部分组成，如图 5.47 所示。

①菜单栏：菜单栏中包含了软件中所有的命令，按照英文字母 A ～ Z 的先后顺序排列，单击菜单可以将其展开。

②工具架：工具架中放置了一些常用工具，如编辑、绘制、笔刷 Z 强度、绘制大小等。

③左侧导航栏：ZBrush 左侧导航栏从上到下依次放置了画笔、笔触、Alpha、纹理、材质、调色盘等按钮。

④右侧导航栏：ZBrush 右导航栏中放置了用来控制画布显示效果的各种按钮，如模型的移动、缩放、旋转等。

⑤⑦托盘：ZBrush 中的托盘用于存放菜单栏中各项命令的下拉面板或按钮，位于画布的两侧。默认情况下工具面板位于右托盘中，便于快捷操作。

⑥画布：ZBrush 界面的中心是画布同时也是最主要的区域，雕刻操作都是在画布上完成的。

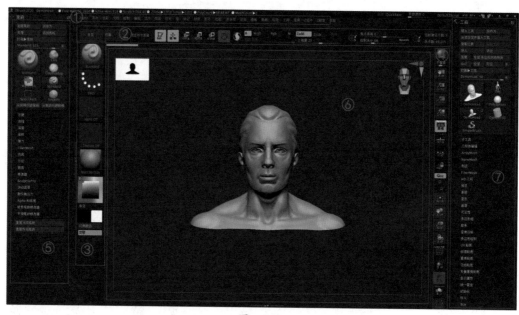

图　5.47

2 基本操作

单击【文件】>【打开】命令，选择相应的文件，即可打开 ZBrush 源文件，源文件格式是 .zpr。

单击【工具】>【导入】命令，选择从 Maya 中导出的 .obj 格式的文件，即可导入自己制作的模型。本案例需要导入 high_to_ZB.obj 文件。

导入文件之后，在画布上拖曳，就会出现模型，然后单击工具架上的 Edit 按钮，就可以绘制了，如图 5.48 所示。如果不单击 Edit 按钮，那么再次在画布上拖曳时又会出现一个模型。单击【文件】>【另存为】命令，将文件保存至 scenes 文件夹中，命名为 dyx_ZB_01.zpr。

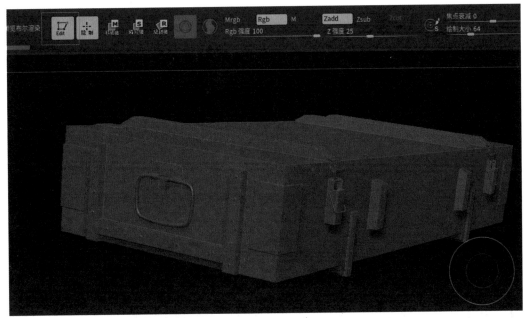

图　5.48

单击右侧导航栏上的【透视】按钮，就会产生正确的透视关系。导入 ZBrush 的模型，默认是黏土材质。单击左侧导航栏上面的 Material 按钮，选择其中的 MatCap Gray 材质，这个材质能够体现出模型的黑白灰关系，利于观察。

在画布的空白位置，长按鼠标左键并拖动，可旋转视图。按住 Alt 键，按住鼠标左键或右键并拖动，可平移视图。按住 Alt 键，在画布空白处按住鼠标左键或右键，再松开 Alt 键，继续按住鼠标左键或右键并在画布区域上下拖动鼠标，可缩小或者放大视图。ZBrush 主要使用手绘板配合键盘来完成操作。

ZBrush 的轴心是不固定的，可以自由的转动查看并修改模型。如果有需要，在模型上的任意位置单击或者用手写笔单击，然后再在画布上按住鼠标左键并拖动，这时视图就会以刚才单击的位置为轴心进行变化。

如果想在正视图查看模型，可以按住 Shift 键和鼠标左键并拖动，就会转动至正视图。

单击左侧导航栏的最上面一个图标就会打开【笔刷】面板，在该面板可以选择合适的笔刷进行操作，如图 5.49 所示。

为常用的笔刷设置快捷键，以方便调用笔刷。按住 Ctrl+Alt 快捷键，同时单击【笔刷】面板中的 Standard 笔刷，在菜单栏的下边会提示设置快捷键，按大键盘上的"1"，那么"1"就是 Standard 笔刷的快捷键。同样的方法，设置 Clay 笔刷的快捷键为"2"；设置 ClayBuildup 笔刷快捷键为"3"；设置 Slash3 笔刷的快捷键为"4"；设置 Move 笔刷的快捷键为"5"；设置 hPolish 笔刷的快捷键为"6"。

刚导入的文件是成组的整体，而在 5.3.1 节中，通过 Maya 对模型进行了分组，在 ZBrush 中需要分组显示，单击右托盘上的【子工具】面板，选择【拆分】>【按组拆分】命令，那么模型会以在 Maya 中的分组呈现出来，如图 5.50 所示。

图　5.49

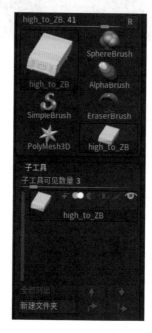

图　5.50

在【子工具】面板中依次选择除钉子和提手外的模型，在【几何体编辑】栏中，

次世代三维模型案例实战——基于 PBR 流程（微课视频版）

112

单击【细分网格】，将模型的【细分级别】调整至 7 级，如图 5.51 所示，这样就大幅增加了文件的面数，可以进行精细化的雕刻操作。细分级别越高面数越多，同时越耗费计算机资源。在不操作的时候把细分级别降低至 2 级，操作哪个组再把该组的细分级别提高，一般在 5 级或者 6 级开始雕刻。逐级提高细分级别的快捷键是 D，降低细分级别的快捷键是 Shift+D。将钉子和提手模型的【细分级别】设置为 3 级，因为钉子和提手不用雕刻太多细节。

图　5.51

通过上面的介绍不难发现，ZBrush 软件本身的命令并不复杂，上手操作也比较快，但是要做出好的效果，需要在模型的塑造上多下功夫。以上完成了文件的导入，学会了软件的基本操作，下面即将进入具体的制作阶段。

5.3.3　在 ZBrush 中制作木质箱体高模

观察参考图，木质箱体的边缘有严重的磨损，木头的表面有大划痕和细木纹，因此制作木质箱体需要做 3 项工作，雕刻边缘切角、做大划痕和做细木纹。

步骤/01 首先使用 ClayBuildup 笔刷雕刻边缘切角磨损，然后使用 Slash3 笔刷雕刻木头表面的大划痕，如图 5.52 所示。

图　5.52

步骤/02 绘制细纹。单击左侧导航栏中的第三个图标，单击 Alpha >【导入】按钮，导入 images 文件夹中的木纹 01.psd 文件，该文件是自己处理的木纹图片，如图 5.53 所示。单击左侧导航栏中的第二个图标，选择 DragRect，表示通过拖曳雕刻，再选择

Standard 笔刷，设置 Alpha>【修改】>【径向淡化】值为 10 左右，可以设置木纹边缘的羽化效果，使木纹之间的衔接更加自然，如图 5.54（a）所示。设置合理的笔头大小和【Z 强度】值，在木头表面反复拖曳鼠标就可以添加上细木纹。通过【笔刷】菜单，打开【笔刷】>【自动遮罩】>【背面遮罩】，这样在绘制细纹时不会穿过表面影响模型上添加细木纹面对面的面，如图 5.54（b）所示。注意拖曳鼠标的起点位置要错开，这样避免出现重复的木纹纹理。

图　5.53

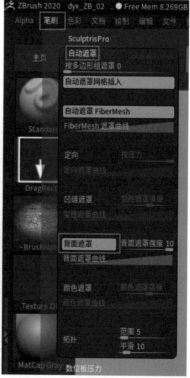

（a）　　　　　　　　　　（b）

图　5.54

木纹 01 用于雕刻木头表面的细纹，木纹 02 用于雕刻木头截面的细纹。按照模型的分组分别在模型上拖曳进行雕刻，形成表面的细纹，效果如图 5.55 所示。

图　5.55

5.3.4　在 ZBrush 中制作金属构件高模

步骤/01 使用 Standard 笔刷，将【绘制大小】设置为 20，【Z 强度】值设置为 3 左右，如图 5.56（a）所示，在模型上进行大面积的雕刻，使模型产生跟随木箱造型走势的变形。

步骤/02 使用 Claybuildup 笔刷，将【绘制大小】设置为 1，【Z 强度】值设置为 15 左右，如图 5.56（b）所示，雕刻模型的边缘，制作出金属边缘磨损的效果。

步骤/03 制作凸起的钉子，使用 Standard 笔刷，将【Z 强度】值设置为 40，【焦点衰减】值设置为 -90，【当前笔触】设置为 DragRect，也就是采用拖动的方式进行雕刻。如图 5.56（c）所示，在合适的位置进行钉子的雕刻，完成后会发现钉子表面过于圆滑，再使用 hPolish 笔刷，设置合适的参数，将凸起的钉子表面压平。再使用 Slash 笔刷，绘制划痕。

步骤/04 使用步骤 01～步骤 03 的操作方法，雕刻剩余的其他金属构件，效果如图 5.57 所示。

步骤/05 单击【文件】>【另存为】命令，将文件保存至 scenes 文件夹中，保存为 dyx_ZB_high_all.zpr。这是减面操作前的完整模型，保留了模型的细分级别，5.4.1 节将做减面处理。

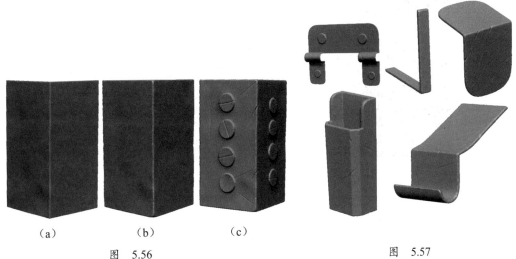

（a）　　　　　（b）　　　　　（c）

图　5.56

图　5.57

步骤/01 做减面处理。单击菜单【Z 插件】>【抽取（减面）大师】，在弹出的命令中单击【全部预处理】按钮，经过较长时间的运算，可以完成预处理。然后将【抽取百分比】设置为 20，面数会减到原来模型面数的 20%，如果速度很慢也可以设置为 10，即减到原来模型面数的 10%。再单击【抽取全部】，经过较长时间的运算，可以完成所有面的减面操作，如图 5.58 所示。

步骤/02 将高模文件进行重新分组。分组导出的目的是为了避免模型之间的穿插。烘焙贴图的原理是用低模拾取高模的细节，得到的效果是把高模上丰富的细节烘焙到面数少的低模上。而拾取细节的过程会通过软件建立一个虚拟的封套将高模套住，如果高模的外侧有其他模型，也会被封套套住，从而产生错误的结果。为了避免这种错误的产生，需要把相邻的模型分到不同的组。如图 5.59 所示的铁片，在烘焙木箱的过程中建立的虚拟封套会套住铁片，从而在木箱上产生错误。类似这样的情况就要做好分组，将木头和铁片分到不同的组，在烘焙贴图时分组烘焙，可以避免模型之间的相互影响。

图 5.58

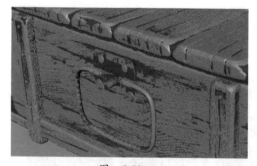

图 5.59

把弹药箱分成 6 组，通过【向下合并】命令，将木板合并成一个立方体，命名为 Box_high，其他模型基本遵循在 Maya 中的分组，分别命名为 Wood1_high、Wood2_high、Metal1_high、Metal2_high、Dingzi_high，如图 5.60 所示。

图　5.60

步骤/03　分组导出。在 scenes 文件夹中新建一个名称为 high 的文件夹，将导出的高模放置在此文件夹中。选择相应的层，分别单击【工具】>【导出】命令，导出 6 个 .obj 格式的文件，分别是 box_high.obj、wood1_high.obj、wood2_high.obj、metal1_high.obj、metal2_high.obj、dingzi_high.obj。

　　单击【文件】>【另存为】命令，将文件保存至 scenes 文件夹中，保存为 dyx_ZB_high.zpr。这是减面操作后的文件，将失去模型的细分级别。

5.4　制作低模

· · · · · · ·

5.4.1　低模制作规范及准备工作

1　制作规范

　　（1）应最大程度地减少模型的面数，删除看不见的夹面。

　　（2）将模型上不起支撑作用的点和线删除。

　　（3）模型上所有的面不能大于四边面，只能是三边面或者四边面。

2　准备工作

　　将在 ZBrush 中雕刻的模型基础上制作低模。首先，打开在 5.3.4 节中保存的减面操作前的文件 dyx_ZB_high_all.zpr，单击【文件】>【另存为】命令，将文件保存至 scenes 文件夹，保存为 dyx_ZB_low.zpr。在 ZBrush 右托盘的【工具】面板中，展开【子工具】，对所有的模型执行【最低级细分】，然后单击展开【几何体编辑】栏，单击其中的【删除高级】，删除高级别的细分，这样可以减小文件容量。然后在图层中从上至下依次执行【子工具】>【合并】>【向下合并】命令，将所有的层都合并起来，使其成为细分级别最低的、整体的模型。

执行【工具】面板中的【导出】命令，将模型导出至 scenes 文件夹，导出文件名为 low_to_maya.obj。

打开 Maya 软件，通过菜单中的【文件】>【导入】命令，导入 low_to_maya.obj 文件。如图 5.61 所示，还需要对当前的低模做处理，删掉看不见的夹面，去掉多余的线等。单击【文件】>【场景另存为】命令，将文件保存至 scenes 文件夹，保存文件名为 dyx_v03_low.mb。

图 5.61

5.4.2 制作弹药箱木质箱体的低模

木质箱体分为大立方体和木条，都需要删面和减线。

步骤/01 制作大立方体。首先删掉内侧面以及木板之间所有的夹面。如图 5.62（a）所示，选择需要删除的面的轮廓线，按住 Shift 键与鼠标右键，选择【分离组件】命令，会将模型沿选定的线分离开。如图 5.62（b）所示，切换至面模式，通过双击全选需要删除的面，按 Delete 键进行删除。其他模型也做同样的处理，4 个侧板要注意相互之间的遮挡关系，得到如图 5.62（c）所示的效果。

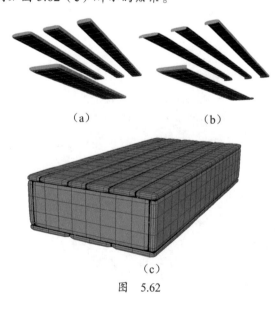

（a）　　　　　　　　　（b）

（c）

图 5.62

步骤/02 删除模型上起不到支撑作用的线。切换视图至右视图，在线模式下，框选一排线，然后按住 Ctrl 键与鼠标右键，选择执行【循环边工具】>【到循环边】命令，即可选中所有需要删除的线。按住 Shift 键与鼠标右键，选择执行【删除边】命令。将其他模型做同样的操作，得到如图 5.63 所示的效果。注意：不用删除侧面短板垂直的线，步骤 03 会用到。

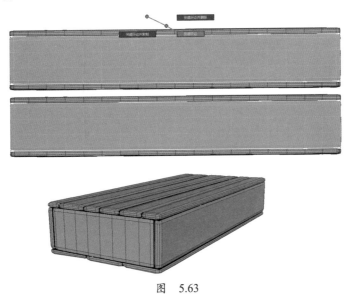

图　5.63

步骤/03 将大立方体模型执行【结合】命令，并将相邻的边对应的点，通过按住 Shift 键与鼠标右键，执行【合并顶点】>【合并顶点到中心】命令进行点的合并。将模型制做成一个没有缝隙的立方箱体。由于需要合并的顶点较多，要认真细致地完成，两侧短板上下对应的点数量不一样多，需要通过【目标焊接工具】命令对部分点进行合并，保证模型上的面是三边面或者四边面，如图 5.64 所示。

步骤/04 处理箱体周围的木条。同样需要删除夹面和不起支撑作用的线，如图 5.65 所示。

图　5.64

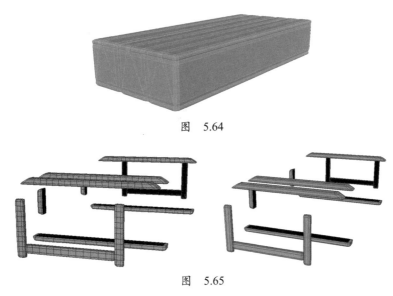

图　5.65

完成木质箱体的低模，效果如图 5.66 所示。

图　5.66

5.4.3　制作弹药箱金属零件的低模

　　由于金属零件有相同形状的模型，只需要制作每种中的一个，然后通过复制得到其他模型，如图 5.67 所示。

　　选中单个模型，先删掉看不见的夹面，再去掉模型表面不起支撑作用的线，如图 5.68 所示。

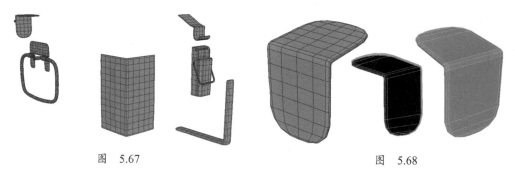

图　5.67　　　　　　　　　　　　　图　5.68

　　有的模型，起支撑作用的线也需要删掉。例如，如图 5.69 所示的模型，删掉了模型上凹陷位置的线。这是因为后面通过烘焙法线贴图可以将高模上的凹陷细节烘焙到低模上，最终的低模侧面即便是平的也能显示出凹陷的效果。

　　依次处理其他金属零件，得到如图 5.70 所示的效果。

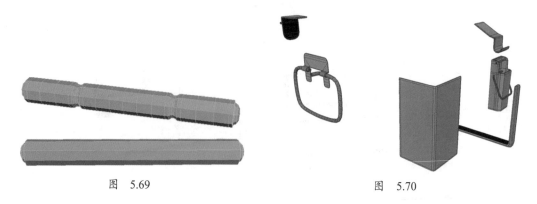

图　5.69　　　　　　　　　　　　　图　5.70

再把其他模型复制出来，得到完整的模型，至此完成金属零件的低模制作，如图5.71所示。

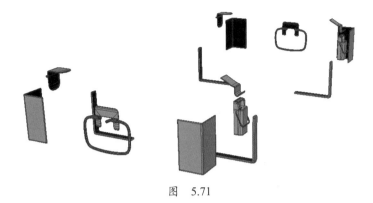

图　5.71

制作完成所有的低模，单击【文件】>【保存场景】命令，保存文件。

5.5　拆分低模的 UV

● ● ● ● ● ● ●

这里只需要拆分低模的 UV，而不用拆分高模的 UV。因为 PBR 的流程中通过烘焙，用低模拾取高模的细节，最终使用的是低模的模型和高模的细节。

5.5.1　UV 编辑器常用命令的介绍

UV 编辑器用于查看 2D 视图内的多边形、NURBS 曲面的 UV 纹理坐标，并以交互方式对其进行编辑。与在 Maya 中使用的其他建模工具非常类似，可以为曲面选择、移动、缩放和大体修改 UV 拓扑；还可以将与指定的纹理贴图相关联的图像作为 UV 编辑器内的背景查看；同时也可以修改 UV 布局用来根据需要进行匹配。

在 Maya 软件右上角的【工作区】内选择【UV 编辑器】工作区，此时界面会同时显示透视视图和 UV 编辑器视图，通过使用【UV 编辑器】工作区，可以将三维模型与其纹理贴图坐标进行比较。可以查看三维场景视图内的 UV 与【UV 编辑器】内的 2D 视图中的这些 UV 的对应关系，如图 5.72 所示。

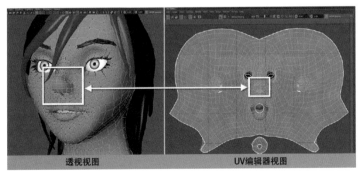

图　5.72

【UV 编辑器】的右侧是【UV 工具包】面板，在里边放置了关于 UV 的所有命令。常用的命令如下。

（1）【剪切】用于切开模型，沿选定边分离 UV，从而创建边界。

（2）【平面】用于从某一个正方向（X 轴、Y 轴或 Z 轴）投影 UV 将其放置，对整个多边形面或者切开的一部分面映射 UV。

（3）【展开】用于围绕切口展开选定的 UV 网格。

（4）【定向壳】用于将展开的 UV 摆正，旋转选定的 UV 壳，使其与最近的相邻 U 或 V 轴平行。

（5）【分布】用于对多个物体做均匀排布。

（6）【对齐】用于对齐所有选定的 UV，使其在指定方向上共面。

（7）【Texel 密度】用于快速统一 UV 的分辨率，通过指定 UV 壳应该包含的 Texel 数（每单位像素数）快速设置 UV 壳的大小。第一步，设置贴图大小，因为它是用于计算 Texel 密度的基值，本实例指定整个纹理的方形贴图大小为 2048；第二步，选择基准 UV，单击【获取】按钮，会在后面的框中显示选定 UV 壳的当前 Texel 密度；第三步，选择目标 UV，单击【集】按钮，缩放目标 UV 壳以适应第二步指定的 Texel 密度。这样就统一了所有 UV 的分辨率。

（8）【翻转】用于在指定水平方向或者垂直方向翻转选定 UV 的位置。

（9）【旋转】允许按设置的增量顺时针或逆时针旋转选定的 UV。

（10）【拉直 UV】拆分 UV 时，能拉直的 UV 线要拉直，通常是沿某一循环边拉直 UV，这样可以修复 UV 贴图上的扭曲。

打开 UV 壳的着色模式，可以通过 UV 壳上不同的颜色识别 UV 的缠绕方向、重叠和翻转等。UV 缠绕顺序为顺时针（前面）的，选定 UV 壳将显示为使用半透明的蓝色进行着色；UV 缠绕顺序为逆时针（背面）的，UV 壳将显示为使用半透明的红色进行着色。UV 缠绕顺序是指 UV 纹理坐标存储在特定面的曲面网格上所用的方向。该方向可以为顺时针方向或逆时针方向，使用纹理映射多边形网格时一定要确定该方向。因为它会影响纹理贴图是否正确，如图 5.73 所示。

如果有 UV 是重叠的，那么会有多个半透明的蓝色或红色叠加在一起，会出现不同的颜色。其中，深蓝色说明是由多层正向 UV 叠加在一起；深红色说明是由多层反向 UV 叠加在一起；紫色说明是由正向和反向 UV 叠加在一起的结果，如图 5.74 所示。

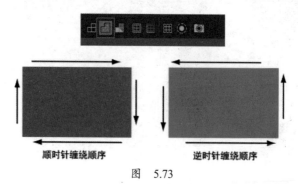

图　5.73

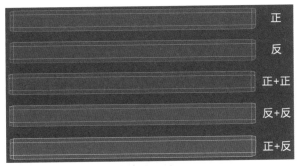

图　5.74

5.5.2 拆分 UV 的原则及准备工作

1 拆分弹药箱 UV 应该把握的重要原则

（1）切口尽量少。

（2）把切口尽量放置在不明显的地方。

（3）90°夹角或小于 90°夹角的边尽量断开。

（4）能共用 UV 的地方尽量共用。共用 UV 的模型，最终绘制的材质纹理也是一模一样的。

（5）能拉直的 UV 线尽量拉直。

（6）展开 UV 之前单击【冻结变换】命令将模型的变换属性归 0，否则展开的 UV 比例可能不对。

（7）复制的模型副本与原模型的 UV 是相同的。利用这个特点，当有模型需要共用 UV 时，可以把相同的模型删除掉，只拆分一个模型的 UV，拆分完成后再把其他模型复制出来。这样，相同模型的 UV 就可以完全相同而且只需拆分一次。

（8）有的模型虽然形状相同，但是不能共用 UV。因为有可能模型距离较近，同时出现在观众的视野范围内，如果共用 UV，呈现出来的材质纹理一模一样会显得不真实。

2 准备工作

打开低模文件 dyx_v03_low.mb，单击【文件】>【场景另存为】命令，将其重新保存为 dyx_v04_singleUV.mb。在这个文件中，需要把共用 UV 的模型去掉，只保留一层 UV，一层 UV 是烘焙贴图要求的。在 Maya 软件右上角的【工作区】下拉列表中选择【UV 编辑器】，打开 UV 编辑器，视图切换至 UV 编辑器视图的界面，即可开始拆分 UV。

删掉如图 5.75 所示的重复模型，这些模型是要共用 UV 的，会在 5.5.3 节做处理。共用 UV 意味着最后呈现出来的纹理效果是一样的，也就是共用 UV 的模型上的材质纹理是相同的。本节只拆分留下的模型的 UV，余下的模型都有各自独立的 UV，会把高模上的不同纹理拾取过来，产生不同的纹理效果。

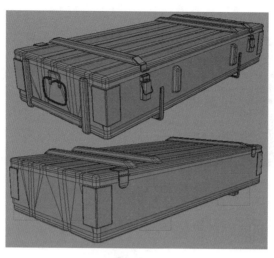

图　5.75

5.5.3 拆分木质箱体的UV

步骤/01 没有经过处理的模型的UV是混乱的，切口也是错误的。首先全选所有的模型执行【合并】命令，然后在【UV工具包】面板中，单击【创建】>【基于摄像机】命令，做一个沿摄像机方向的基本投射，这样除边界边的其他切口都会封闭，为重新拆分UV做好准备。如图5.76所示，左侧是合并的模型，右侧是基于摄像机投射后的UV。

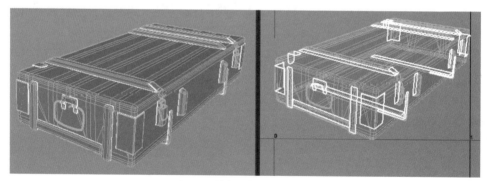

图　5.76

步骤/02 选择模型，按住Shift键与鼠标右键，执行【分离】命令，将所有的模型分开。此时，即可选择单个模型做UV拆分了。

步骤/03 孤立显示立方箱体，选择所有需要做切口的边，单击【切割和缝合】>【剪切】命令，就会沿所选边切开模型，这里只是切分UV，并不是真正的切开模型。在【UV编辑器】中，按住Shift键与鼠标右键，选择【UV壳】，全选UV壳，单击【展开】命令。将【Texel密度】中的【贴图大小】设置为2048，基准值设置为60，单击【集】命令就可以将模型设置成一致的分辨率。其中，2048是后续要绘制的贴图的大小；【Texel密度】用于统一UV的分辨率。设置好参数后，后续拆分的其他UV，只需要单击【集】命令即可做到分辨率的统一。同一种材质的分辨率要一致，这样绘制的贴图纹理才能一致。将拆分开的 UV，执行【定向壳】命令摆正方向，并摆放整齐。打开棋盘格的显示，可以看到模型上各个部分的方块分布均匀且等大。这样就完成了立方箱体的 UV 拆分，如图 5.77 所示。

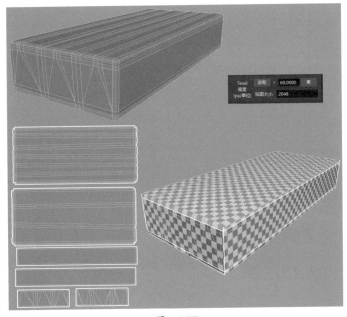

图 5.77

步骤/04 使用与步骤 03 相同的方法，拆分木条的 UV。先选择切口边，切口尽量隐蔽，90° 夹角的面都要切分开，然后执行【剪切】命令，再执行【展开】命令，再单击【集】命令调整分辨率，摆放好位置。如图 5.78 ~ 图 5.81 所示。

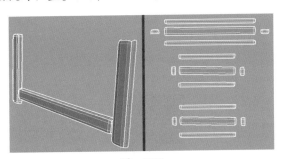

图 5.78

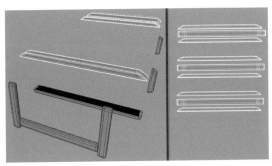

图 5.79

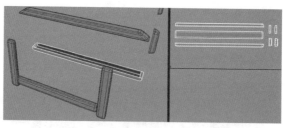

图　5.80

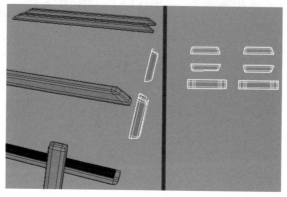

图　5.81

木质箱体拆分完 UV 的效果如图 5.82 所示。

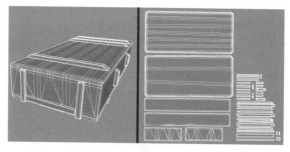

图　5.82

5.5.4 拆分金属零件的 UV

步骤/01 如图 5.83 所示，选择红框所标记的角的短边，执行【剪切】命令，每个类似的位置都剪切开，选择【UV 壳】，执行【展开】命令，调整好位置。

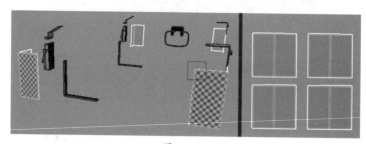

图　5.83

步骤/02 如图 5.84 所示的模型有 4 个，保留同侧的两个模型，删掉异侧的两个模型。对保留下来的同侧的两个模型分别拆分 UV，因为同侧的模型能同时看到，所以材质纹理最好有差别。异侧对应的模型共用 UV。

步骤/03 如图 5.85 所示的钩子模型，两个钩子处于弹药箱的同侧，材质贴图不能完全一样，所以需要分别拆分 UV。这样，钩子高模的不同细节会分别烘焙到两个低模上。

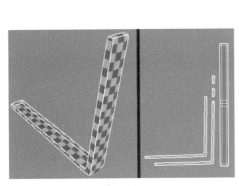

图 5.84

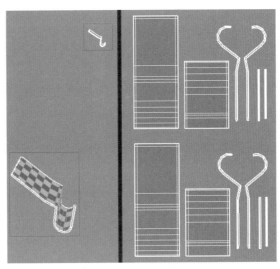

图 5.85

步骤/04 沿 90° 夹角处的边进行切分，有两个合页模型，两个模型同样在弹药箱的同侧，用同样的方法分别拆分 UV，如图 5.86 所示。

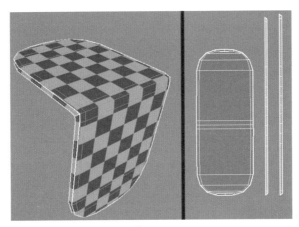

图 5.86

步骤/05 按照如图 5.87 所示的切口，拆分合页转轴的 UV。两个转轴分别拆分 UV。

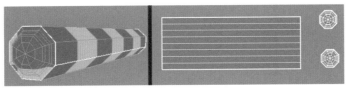

图 5.87

步骤/06 按照如图 5.88 所示的切口，拆分提手的 UV，两个提手分别在弹药箱的两侧，不会同时看到。因此，两个提手共用 UV，暂时删掉一个提手模型，只保留一个 UV，并且完成 UV 的拆分，对长条形 UV 执行【拉直 UV】命令。

步骤/07 如图 5.89 所示的模型分别位于弹药箱的两侧，可以共用 UV，同样删除其中一个，保留一个并且拆分 UV。

图　5.88

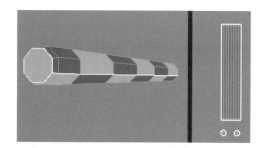

图　5.89

步骤/08 按照如图 5.90 所示的切口拆分 UV。有两个同样的模型，在弹药箱的同侧，可以同时看到，因此不共用 UV，要分别拆分 UV。

步骤/09 按照如图 5.91 所示的切口，拆分卡扣转轴的 UV，两个同样的模型分别进行拆分 UV。

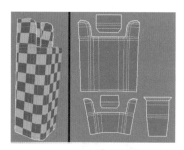

图　5.90

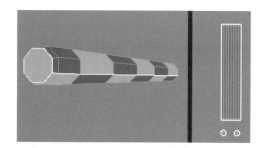

图　5.91

步骤/10 按照如图 5.92 所示的切口，拆分卡扣的 UV，并执行【拉直 UV】命令，两个同样的模型分别进行拆分 UV。

步骤/11 完成所有金属零件的 UV 拆分，如图 5.93 所示。单击【保存场景】命令保存文件。

图　5.92

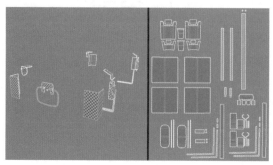

图　5.93

5.5.5 UV 的整理排列及其注意事项

将拆分完成的所有模型 UV，最大化的放置在【UV 编辑器】0～1 的坐标的象限内。后面的烘焙贴图和绘制贴图都会在这个区域内的 UV 上完成。注意：摆放的 UV 位置不是固定的，制作者可以根据自己的制作进行摆放，只要保证放置在 0～1 的坐标象限内，并且最大程度地占满这个正方形区域即可。如图 5.94 所示，可以看到左边的模型呈现的棋盘格的大小是一致的，说明同材质的分辨率是一致的；右侧的 UV 都排列在 0～1 的坐标象限内。完成 UV 的整理排列，单击【保存场景】命令保存文件。

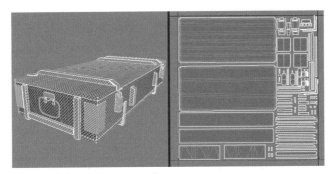

图　5.94

5.5.6 设置软硬边

【硬化边】会使选定边在着色模式中显得尖锐；【软化边】会使选定边在着色模式中显得软。

在烘焙贴图之前需要设置软硬边。将切口处的边设置为硬边，将其他边设置为软边。全选模型的所有边，执行【网格显示】>【软化边】命令，然后在【UV 编辑器】中，双击选择所有的 UV 边，使所有的切口边处于被选中的状态，执行【网格显示】>【硬化边】命令。最后，单击【保存场景】命令保存文件。

5.5.7 检查高低模的位置是否匹配

将从 ZBrush 中导出的高模分别导入 dyx_v04_singleUV.mb 文件中，高模位于文件夹 scenes>high 中。可以通过 Maya 的【文件】>【导入】命令来实现，也可以直接拖曳高模文件至打开的 Maya 文件中。

导入之后，通过旋转视图查看高模和低模的位置有没有明显的错位，如果有明显错位就需要修改。

检查没有问题之后，将文件中的高模删掉，防止文件量过大。单击【保存场景】命令保存文件。

5.5.8 低模的分组导出

在 5.3.5 节中对高模做了重组和导出，同样低模也要做相对应的分组导出，避免烘焙贴图时模型之间的穿插而产生错误。避免穿插产生错误的方法有多种。例如，本实例从 ZBrush 中做的模型面数数量巨大，如果做整体导出会很困难，使用分组导出、分组分别渲染的方法可避免错误的产生。在文件量不大的情况下，也可以整体导出，然后做整体的渲染，但是需要把分组的模型沿某一轴向移开，做成爆炸图的样子，高低模做同样的分组并做同样的平移，都做成爆炸图，这样也能避免相邻模型之间的穿插。例如，在第 6 章《科幻武器》的案例中就采用了爆炸图的方法。

在分组导出低模之前，打开【网格】>【清理】的选项，在【清理选项】窗口中选择【选择匹配多边形】，选中【边数大于 4 的面】，再单击【应用】按钮。如果有大于 4 条边的面就会被选中，要对这些面做进一步的修改，使模型上所有的面都是三边面或者四边面。这样才能在 xNormal 中顺利地烘焙贴图，如图 5.95 所示。

图　5.95

在 scenes 文件夹中创建一个文件夹并命名为 low。立方体盒子一组，导出为 box_low.obj，其他模型按照与高模相对应的分组情况，如图 5.96 所示，分别导出为 wood1_low.obj、wood2_low.obj、metal1_low.obj、metal2_low.obj。单击【保存场景】命令保存文件 dyx_v04_singleUV.mb。

将之前删掉的模型复制出来，把弹药箱做完整。注意：复制出来的模型位置必须和删除之前的位置完全一致，否则会在烘焙贴图时造成因模型的错位而产生错误映射。在最开始制作中模时都使用【特殊复制】命令，沿坐标原点做的镜像复制，在这里再次镜像复制即可保证完全对位。将缺少的模型复制出来，并放置正确，单击

【文件】>【场景另存为】命令，将文件另存为 dyx_v05_allUV.mb。这个文件中的模型是全的，新复制出来的模型与源模型共用 UV，共用 UV 的模型纹理是一样的，如图 5.97 所示。

全选模型执行【合并】命令，再单击【导出当前选择】，将文件导出为 .obj 格式的文件 dyx_allUV_low.obj，放置在 scenes 文件夹中。这个文件的 UV 是完整的，会被用于在 Substance Painter 中绘制贴图，也会被用于 Marmoset Toolbag 中展示渲染效果。

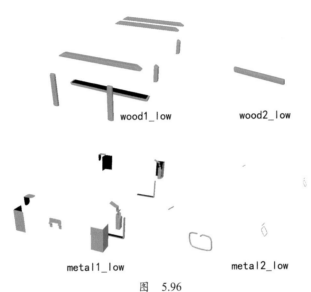

wood1_low　　　　wood2_low

metal1_low　　　　metal2_low

图　5.96

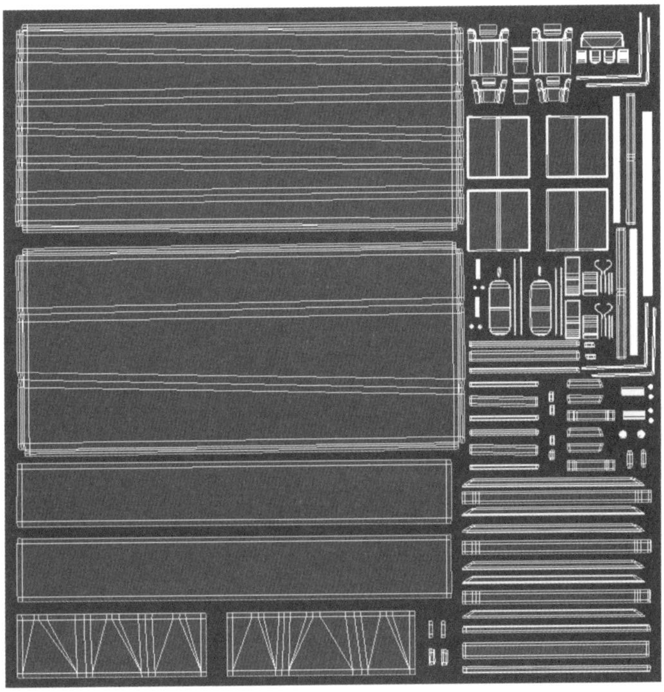

图　5.97

5.6　烘焙贴图方法之一：在 xNormal 中分组烘焙

●　●　●　●　●　●　●

5.6.1　xNormal 简介

　　xNormal 是一款非常实用的次世代游戏制作工具，可以将高模中的信息烘焙到低模的各种贴图中，如法线贴图（Normal Map）、AO 贴图、ID 贴图。该软件具有界面简洁、操作简便、功能丰富、运算速度快等特点。

　　烘焙贴图的原理是把高模表面的光照信息和低模进行"映射"计算，再通过烘焙方法把 XYZ 坐标数据转化为 RGB 数据存储成一个图像的过程。烘焙贴图就是把高模上的细节投射到低模上，从而用一个一万多的面数或者几千面数的模型去体现上百万面数高模的细节，这样可以在低模上表现出高模的丰富效果。

　　法线贴图：可以使一个更低密度的模型包含更精细的细节，从而产生更高密度模型的外观。法线贴图是一张蓝色调的图，通过烘焙的过程，把高模的细节烘焙到一张平面图上，然后把烘焙完成的法线贴图应用到低模上。渲染器从低模的材质中读出法线贴图，然后把法线贴图每个点的 RGB 图像信息转化为 XYZ 法线方向，还原高模的表面信息。有了法线贴图，渲染器不管真实的低模是什么样子，它只相信法线贴图的光照信息。此时，模型上显示的是高模的样子，其实是视觉的假象。但是，把低模应用在游戏等场景中，由于面数少，会节约大量的计算机资源，这也是当前最为流行的方法。

　　AO 贴图：AO（Ambient Occlusion）是环境光遮蔽，它用来描绘物体和物体相交或靠近时遮挡周围漫反射光线的效果，可以解决或改善漏光、飘和阴影不实等问题，也可以解决或改善场景中缝隙、褶皱与墙角、角线以及细小物体等的表现不清晰问题；综合改善细节尤其是暗部阴影，增强空间的层次感、真实感，同时加强和改善画面明暗对比，增强画面的艺术性。在模型中添加 AO 贴图之后，局部的细节画面尤其是暗部阴影会更加明显一些。

　　ID 贴图：ID 贴图其实是一张彩色贴图，给物体的 UV 分配不同的颜色，它的主要作用是用来指定材质，不同的颜色代表着不同的材质，在后期软件里面，如 Substance Painter，可以进行材质的选择与替换。

　　xNormal 的烘焙流程如下。首先准备好烘焙所需的、对应的高模和低模，如果模型上有多个零件穿插在一起，那么就需要按组分开烘焙；否则会出现错误。xNormal 支持使用多种文件格式，最常用的是 .obj 格式。然后依次单击软件右侧的按钮，分别导入高模和对应的低模，可以根据需要一次导入多个模型。在 Baking options 面板中可以选择文件保存路径，设置图片大小、边缘溢出值、抗锯齿等参数。选择需要烘焙的贴图名称，打开每个名称后面的选项，做相应的设置。

　　使用在 5.3.5 节中导出的放置在 high 文件夹中的 6 个高模，使用 5.5.8 节中导出的放置在 low 文件夹中的 5 个低模。本书后面的章节中将按照分组情况，把相同分组的高低模分别导入软件中进行烘焙。

5.6.2　分组烘焙箱体贴图

步骤/01 单击右侧的 High definition meshes，在对话框中右击选择 Add meshes，在 high 文件夹中选择 box_high.obj，如图 5.98 所示。

图　　5.98

步骤/02 单击右侧的 Low definition meshes，同样在对话框中右击选择 Add meshes，在 low 文件夹中选择 box_low.obj。

步骤/03 单击右侧的 Baking options，切换至烘焙选项设置页面，在 Output File 处，选择烘焙贴图的存储路径，本案例存储在 dyx\dyx_Project\images\box.tga，文件名命名为 box，格式选择 TGA 格式；Size 设置为 2048×2048；Edge padding 值设置为 2，这个参数代表贴图超出 UV 边界多少个像素，贴图稍微超出 UV 边界一点可以避免出现错误的黑边；Bucket size 是在渲染过程中闪动的渲染方框的大小，对渲染结果没有影响，保持默认值即可；Renderer 选择 Default bucket renderer，它是 cpu 渲染，速度比较慢，但相较于另外两个选项不容易出错；Antialising 选择 4x，它是指抗锯齿，选择的值越大质量越好，但速度会越慢；在对话框左侧选中 Normal map 代表法线贴图；选中 Bake base texture 代表 ID 贴图，单击后面的三个点，打开 ID 贴图的选项对话框，选中 Write ObjectID if no texture，这样不同的模型组会自动生成不同的颜色，一个模型组生成一种颜色；选中 Ambient occlusion 代表环境光遮蔽贴图，一般称为 AO 贴图，如图 5.99 所示。设置完成后单击对话框右下角的 Generate Maps 按钮，等待一段运算的时间，在 images 文件夹中会生成 box_normals.tga、box_baseTexBaked、box_occlusion.tga 3 张贴图。

图 5.99

5.6.3 分组烘焙木条贴图

木条分为两组 wood1 和 wood2，如图 5.100 所示。

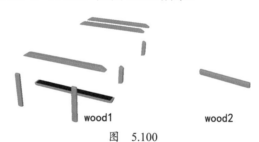

wood1　　　　　wood2

图 5.100

步骤/01 先烘焙 wood1 组，打开高模面板，单击最下面的 Clear all meshes 清除上一次的模型。与 5.6.2 节相同，导入 wood1_high.obj 和 dingzi_high.obj 两个高模文件。因为 wood1 组的木条上有钉子，所以导入钉子高模，它会被烘焙到低模上。在 dingzi_high.obj 文件后面的参数中，设置 Smooth normals 为 Average normals，如图 5.101 所示。这组参数是设置模型的软硬边，钉子模型在 ZBrush 中细分级别较低，面数少，需要设置成软化边。其中，Average normals 代表软化边；Harden normals 代表硬化边；Use exported normals 代表使用导出的模型自身的法线。

	Base texture to bake	Base texture is a tangent-space normal map	Mesh scale	Ignore per-vertex-color	Smooth normals	
h\wood1_high.OBJ		☐	1.000	☑	Use exported normals	∨
h\dingzi_high.OBJ		☐	1.000	☑	Average normals	∨
*		☐				∨

图 5.101

次世代三维模型案例实战——基于 PBR 流程（微课视频版）

134

步骤/02 在低模面板中导入低模文件 wood1_low.obj，其他参数保持默认值。

步骤/03 在 Baking options 面板中，设置输出路径 D：\dyx\dyx_Project\images\wood1.tga 至 images 文件夹中，文件名命名为 wood1，其他选项保持上一次的设置。单击 Generate Maps 按钮，在 images 文件夹中会生成 wood1_normals.tga、wood1_baseTexBaked、wood1_occlusion.tga 3 张贴图。

步骤/04 烘焙 wood2 组，导入 wood2_high.obj 和 dingzi_high.obj 两个高模文件，同样设置 dingzi_high.obj 文件的 Smooth normals 为 Average normals。

步骤/05 导入 wood2 的低模文件 wood2_low.obj，其他参数保持默认。

步骤/06 设置输出路径为 D：\dyx\dyx_Project\images\wood2.tga，文件名命名为 wood2。单击 Generate Maps 按钮，在 images 文件夹中会生成 wood2_normals.tga、wood2_baseTexBaked、wood2_occlusion.tga 3 张贴图。

5.6.4 分组烘焙金属片贴图

金属片是 metal1 组中的模型，如图 5.102 所示。

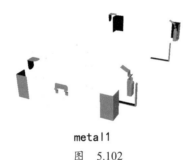

metal1

图　5.102

步骤/01 在高模和低模面板分别单击最下面的 Clear all meshes 清除上一次的模型。导入 metal1_high.obj 和 dingzi_high.obj 两个高模文件，metal1 组的模型上也有钉子。同样设置 dingzi_high.obj 文件的 Smooth normals 为 Average normals。

步骤/02 导入低模文件 metal1_low.obj，该模型上有个挂钩模型，钩子两头距离较近，虚拟封套容易产生交叉，从而会相互干扰产生错误映射。需要设置低模的属性 Maximum frontal ray distance 值为 0.1、Maximum rear ray distance 值也为 0.1，这两个参数可以决定射线的距离，也就能决定虚拟封套的大小，设置为 0.1 减小虚拟封套的大小，避免产生干扰。

烘焙法线依赖于投摄光线。这些光线的投摄来自正面距离值的设置或者虚拟封套模型。高模和低模之间的差异越大，所需要的距离也就越大。光线传播的总距离由 Maximum frontal ray distance 和 Maximum rear ray distance 决定。如果光线距离太长，它可能会射中相邻的几何图形。关于这两个参数的原理见本书 6.5.2 节的详细介绍。

步骤/03 设置输出路径为 D：\dyx\dyx_Project\images\metal1.tga，文件名命名为 metal1。单击 Generate Maps 按钮，在 images 文件夹中会生成 metal1_normals.tga、metal1_baseTexBaked、metal1_occlusion.tga 3 张贴图。

5.6.5 分组烘焙提手、卡扣贴图

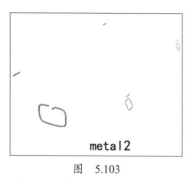

图 5.103

提手、卡扣是 metal2 组中的模型，如图 5.103 所示。

步骤/01 在高模和低模面板分别单击最下面的 Clear all meshes 清除上一次的模型。导入 metal2_high.obj 高模文件，设置 metal2_high.obj 文件的 Smooth normals 为 Average normals。因为 metal2 组的模型在 ZBrush 中细分级别也较低，需要做软化边。

步骤/02 导入 metal2_low.obj 低模文件，参数保持默认即可。

步骤/03 设置输出路径为 D：\dyx\dyx_Project\images\metal2.tga，文件名命名为 metal2。单击 Generate Maps 按钮，在 images 文件夹中会生成 metal2_normals.tga、metal2_baseTexBaked、metal2_occlusion.tga 3 张贴图。

步骤/04 至此一共生成了 15 张分组贴图，在 images 文件夹中新建一个文件夹，命名为 images0。整理输出的所有贴图，并将其放置在 images0 文件夹中。

5.6.6 合并法线贴图

经过以上的分组烘焙操作，生成了 5 张法线贴图，需要在 Photoshop（PS）中将 5 张法线贴图合并成一张图。烘焙的贴图文件是 TGA 格式，包含 alpha 通道，在 Photoshop 的【通道】面板中，按住 Ctrl 键，并单击 alpha1 即可选中对应的贴图。使用 Photoshop 的【移动工具】将选中的图层拖曳至 box_normals.tga 文件中，按住 Shift 键的同时松开鼠标，该图层就会出现在与拖曳前相同的位置。将几张贴图做同样的操作，都合并至 box_normals.tga 文件中，形成一张完整的贴图，如图 5.104 所示。将完整的贴图存储为 dyx_normals.tga，放置在 images 文件夹中。

图 5.104

打开 Marmoset Toolbag 软件，导入 dyx_allUV_low.obj 模型文件，找到模型的材质球，在 Surface 面板选择 Normals，如图 5.105 所示，导入合并起来的法线贴图。这时就可以在模型上看到贴图的效果了，反复检查，看贴图有没有问题。

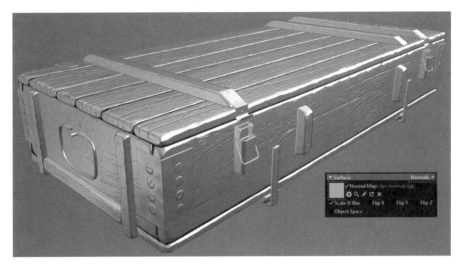

图　　5.105

5.6.7　合并 AO 贴图

同样在 Photoshop 中合并 5 张分组的 AO 贴图，形成一张完整的贴图，如图 5.106 所示。存储为 dyx_AO.tga，放置在 images 文件夹中。

打开 Maya 文件 dyx_v05_allUV.mb，在【属性编辑器】面板中，单击颜色后面的棋盘格图标，添加【文件】渲染节点，单击【图像名称】后面的文件夹图标，找到 dyx_AO.tga 文件，将 AO 贴图赋予带有完整 UV 的模型，如图 5.107 所示。查看效果，反复检查是否有问题。

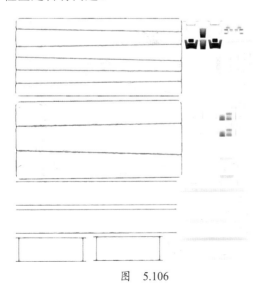

图　　5.106

图　　5.107

5.6.8 合并 ID 贴图

　　由于是分组烘焙，生成的 ID 图除钉子之外都是红色的，钉子是绿色的。合并 ID 贴图之后无法区分不同的模型，需要在 Photoshop 中改变不同组 UV 的颜色。使用 Photoshop 中的【图像】>【调整】>【可选颜色】命令，颜色选择红色，这样调节参数时只有红色会发生改变，钉子保持绿色不变；调节下面 4 个滑块，使每组模型的 UV 呈现出不同的颜色，如图 5.108 所示。完成之后，将文件存储为 dyx_ID.tga，放置在 images 文件夹中。

图　5.108

　　将 5.6.7 节中 Maya 文件的贴图替换成 dyx_ID.tga，可以得到如图 5.109 所示的效果。

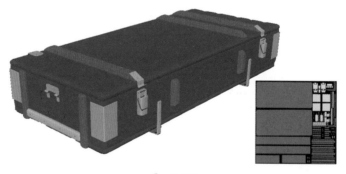

图　5.109

5.6.9 将合并的贴图导入 Substance Painter 中烘焙其他贴图

　　Substance Painter 是一款专业的 3D 绘画软件，是 Adobe 公司的产品，同样拥有强大的图层功能，可以非破坏性地在 3D 模型上直接进行材质的绘制。Substance Painter 拥有真实的物理引擎、丰富的智能材质包和智能蒙版等，能为模型添加上更好、更逼真的磨损与撕裂效果，可以非常高效地完成材质贴图的绘制，打造真实的纹理渲染效果，避免了之前在 Photoshop 中绘制贴图的烦琐，节省处理细节的时间。

要在 Substance Painter 软件中绘制材质贴图，除了法线贴图、AO 贴图、ID 贴图之外，还需要 world space normal 贴图、curvature 曲率贴图、position 贴图和厚度贴图，这些贴图可以通过已经烘焙完成的 3 张贴图来得到。下面将在 Substance Painter 软件中烘焙其他贴图。

在 Maya 中，打开 dyx_v04_singleUV.mb 文件，选择所有低模，执行【结合】命令，单击【文件】>【导出当前选择】命令，导出为 low_singleUV.obj 文件。

在 Substance Painter 中新建项目，在【新项目】面板中，单击【选择】按钮，导入 low_singleUV.obj 的单 UV 文件，设置【文件分辨率】为 2048，【法线贴图格式】设置为 OpenGL。【法线贴图格式】有 OpenGL 和 DirectX 两个选项，当导入使用 Maya 制作的模型文件时选择 OpenGL 选项，当导入使用 3DS MAX 制作的模型文件时选择 DirectX 选项。然后，单击【添加】按钮，添加放置在 images 文件夹中的 dyx_normals.tga、dyx_AO.tga、dyx_ID.tga 3 张贴图。再单击 OK 按钮即可，如图 5.110 所示。

图　5.110

在【纹理集设置】面板中，依次单击【模型贴图】下面的 Normal 图标、ID 图标、Ambient Occlusion 图标，把 3 张对应的贴图分别赋予模型。再单击【烘焙模型贴图】按钮，如图 5.111 所示，在弹出的【烘焙】面板中烘焙其他的贴图。

在弹出的【烘焙】面板中，选择需要烘焙的贴图，【输出尺寸】设置为 2048，【抗锯齿】设置为子采样 8×8。再单击【烘焙 blinnlSG 模型贴图】按钮，完成烘焙，如图 5.112 所示。

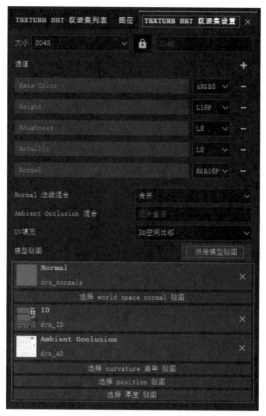

图　5.111

图　5.112

所有的贴图烘焙完成，结果如图 5.113 所示。单击【展架】上面的【Project 项目】，在展开的面板中就可以看到所有的贴图。

图　5.113

当前的模型是单 UV 模型，模型也是不完整的，现在要将当前模型替换成完整模型和完整 UV 的文件。单击【编辑】>【项目文件配置】命令，在弹出的对话框中单击【选择】按钮，选择 dyx_allUV_low.obj 文件，单击 OK 按钮。然后重新指定一遍贴图到各自的位置，即可得到完整的贴图模型。单击【文件】>【另存为】命令，将文件保存在 scenes 文件夹中，保存为 dyx_sp.spp 文件。

在此基础上，将在 5.8 节进行材质的绘制，5.7 节讲解另外一种烘焙所有贴图的方法。

5.7　烘焙贴图方法之二：在 Substance Painter 软件中直接烘焙所有贴图

5.6 节所采用的烘焙贴图方法中，为了避免相邻模型之间的相互影响，将模型进行分组，并分别导出模型，然后做多次烘焙。本节将介绍另外一种烘焙贴图的方法，本节的方法不使用 xNormal，只使用 Substance Painter 软件，它不用分组导出模型，只需要在 Maya 中对高模和低模分组，并按照一定的规则命名，导入 Substance Painter 之后，会按照在 Maya 中命名的模型组名称来识别不同的模型。

拆分完 UV 之后，同样使用在 5.3.5 节中导出的放置在 high 文件夹中的 6 个高模和在 5.5.8 节中存储的 dyx_v05_allUV.mb 文件，直接在 Substance Painter 中整体烘焙所有贴图，可以一次性完成。而且在 Substance Painter 中完成烘焙贴图之后可以直接绘制材质贴图，而不用在不同软件之间来回切换，工作效率更高。

正如 5.6 节中所述，模型上相邻的零件在烘焙贴图时生成的虚拟封套产生相互穿插，烘焙贴图的射线相互影响会在模型上产生错误。因此，采用了分组烘焙的方法，把相邻的零件进行分离，分到不同的组，分别进行烘焙。而在 Substance Painter 中烘焙贴图会根据模型名称来进行高模和低模的匹配，把相邻的零件分别命名，既可以避免相互影响，做出干净的纹理贴图，又避免了使用分组或者爆炸模型方法的烦琐，而达到的效果是一样的。如图 5.114 所示，左侧的图是模型。中间是不按名称匹配的效果，可以看到贴图出现了相互干扰，不能正确显示。右侧的图是按名字匹配后烘焙的效果，是正确的平整的结果。

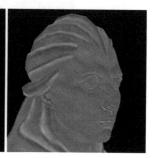

图　5.114

5.7.1　在 Maya 中设置文件

步骤/01 在 Substance Painter 中烘焙贴图之前，需要在 Maya 中对高低模进行设置。打开 dyx_v05_allUV.mb 文件，单击【文件】>【场景另存为】命令，将文件重新保存为 dyx_v05_allUV_to_sp.mb。

步骤/02 【导入】high 文件夹中的 5 个高模，将高模按 Ctrl+G 快捷键结组，在【大纲视图】中将组命名为 dyx_high。将低模执行【分离】命令，按照高模的分组情况重新分组低模，将结为同一组的低模分别执行【结合】命令，并在【大纲视图】中进行命名。名称匹配的工作方式是读取高模和低模的几何名称，并使用后缀关键字来识别或匹配名称。通过名称进行模型的区分和相互匹配，就省去了分组烘焙贴图。默认情况下，Substance Painter 使用特定的后缀，如 _high 和 _low，但它们可以更改。要按照表 5-1 所示的规则，让低模与高模发生匹配关系。

表 5-1　名称匹配规则

低 模 名 称	与高模发生匹配	不会与高模匹配
body_low	body_high	body-high
	body_high_top	body_top_high
	body_high_1	
	body_high_2	
Head_low	Head_high	head_high
Leg_low_top	Leg_high	Leg_top_high
	Leg_high_top	
	Leg_high_high_top	

步骤/03 按照如图 5.115 所示的样子在 Maya 的【大纲视图】中分别给高模和低模命名，以 _low 和 _high 来区分低模和高模，后缀名前面相同名称的模型会在 Substance Painter 中烘焙贴图时产生匹配关系，发生高模向低模的投射。将高模文件中的钉子模型执行【分离】命令，按照钉子所在的位置，在 wood1 组木条上的钉子重新结组并命名为 wood1_high_dz，在 wood2 组木条上的钉子重新结组并命名为 wood2_high_dz，在 metal1 组上的钉子重新结组并命名为 metal1_high_dz。根据表 5-1 的名称匹配规则，钉子模型与相应的相同名称的低模也会发生匹配关系，从而也会将钉子烘焙到对应的低模上。

步骤/04 打开 Hypershade 窗口，新建 6 个 Lambert 材质球，并分别设置 Color 为不同的纯色。按照高模的分组分别赋予高模，其中，3 个钉子组赋予同一种材质。这个设置是用于在 Substance Painter 中生成 ID 贴图。在本操作中注意将新创建的高纯度颜色的材质球分别赋予不同组的高模，将默认的 Lambert1 材质球赋予全体低模，在 Substance Painter 中烘焙得到的 ID 贴图颜色就会与在 Maya 中设置的材质颜色相同，如图 5.116 所示。

图　5.115

图　5.116

步骤/05 框选所有高模，执行【文件】>【导出当前选择】命令，在弹出的对话框中文件类型选择 FBX export，导出为 high_tosp.fbx 文件。框选所有低模，执行【导出当前选择】命令，导出为 low_tosp.fbx 文件。如图 5.117 所示，概括了 3D 软件中最常用的 FBX 和 OBJ 文件的格式。FBX 支持颜色材质信息，OBJ 也支持颜色材质。但是，在单独的 .MTL 文件中，使用 FBX 文件格式更方便。

File format	Information
FBX	Autodesk FBX (Filmbox) is the main file format used by Autodesk Software, it can be wrote as text or binary. It supports : • UVs (multiples sets) • Vertex, Tangent and Binormals • Vertex colors • Triangle face, Quad face and N-Gon face • Cameras • Lights • Mesh subdivisions • Smoothing groups • Material information (such as color) • Bitmap
OBJ	Wavefront OBJ is a very simple text based file format that supports : • UVs (only one set) • Vertex Normals • Vertex Colors (only if exported from Pixologic zBrush) • Triangle face, Quad face, and N-Gon face • Material color (if **mtl** file is present)

图　5.117

5.7.2　在 Substance Painter 中直接烘焙所有贴图

打开 Substance Painter 软件，单击【文件】>【新建】命令，在【新项目】面板中，单击【选择】按钮，载入 low_tosp.fbx 文件，设置【文件分辨率】值为 2048，设置【法线贴图格式】为 OpenGL，单击 OK 按钮完成新建，如图 5.118 所示。

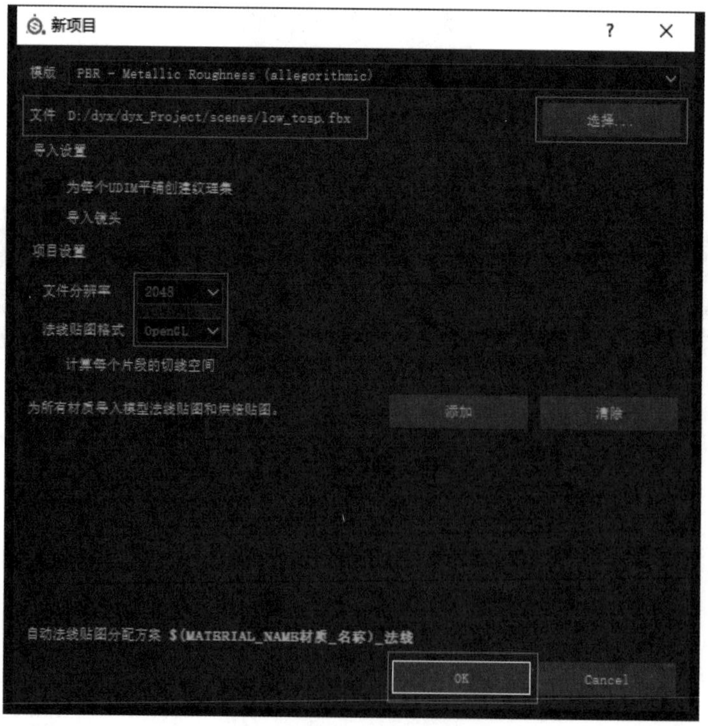

图　5.118

单击【纹理集设置】>【烘焙模型贴图】按钮，弹出【烘焙】对话框。选中所有模型贴图，在【通用参数】属性中，【输出尺寸】设置为 2048；在【高模】框中，导入 high_tosp.fbx 文件；设置【最大前方距离】和【最大后方距离】值为 0.005，这两个参数决定了烘焙时射线的长度，默认值是 0.01，适当缩小一些，避免临近模型的封套交叉出错；【匹配】选择按照模型名称，也就是在 Maya 中命名的模型；【抗锯齿】选择子采样 8×8；High poly mesh suffix 高模的后缀名设定为 _high；Low poly mesh suffix 低模的后缀名设定为 _low，这既是 Substance Painter 的默认设置，也是 5.7.1 节中在 Maya 中设置好的后缀名，如图 5.119 所示。

单击ID模型贴图，打开ID烘焙参数，【颜色源】设置为材质颜色，材质颜色就是 5.7.1 节在 Maya 中赋予高模的材质上的颜色。设置完成后，单击【烘焙 lambert1 模型贴图】按钮，如图 5.120 所示。

经过一段时间的等待，就会生成如图 5.121 所示的 7 张贴图，并自动将其赋予模型。

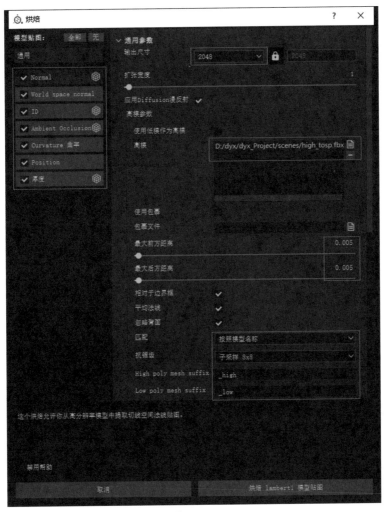

图　5.119

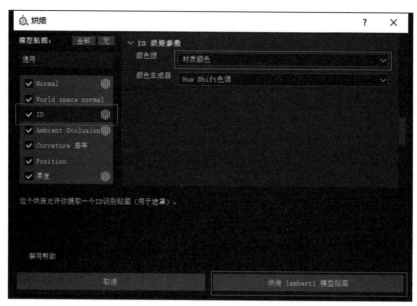

图　5.120

图　5.121

　　按键盘上的 B 键，会在贴图之间进行切换，可以单独查看每张贴图的效果，如图 5.122 所示。至此，完成了所有贴图的烘焙，5.8 节将进行材质的绘制。

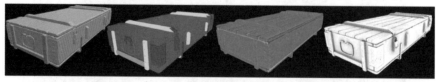

图　5.122

　　单击【文件】>【另存为】命令，将文件保存在 scenes 文件夹中，保存为 dyx_allsp.spp 文件。

　　本书 5.6 节和 5.7 节讲解了烘焙贴图的不同方法，第一种方法适用于文件体量大的项目。xNormal 不打开文件，是通过直接读取后台数据的方式识别文件，制作效果稳定，不容易出问题。第二种方法操作步骤更为简单，烘焙完贴图可以直接在 Substance Painter 中绘制贴图，而不用在不同的软件之间切换，但是它对计算机硬件配置有较高的要求。两种方法都可以达到烘焙贴图的目的，读者可以根据项目的实际需要，选择适合的烘焙贴图方法。

5.8　在 Substance Painter 中绘制材质
· · · · · · ·

5.8.1　绘制木纹材质

打开文件 dyx_allsp.spp，进行木纹材质的绘制。

步骤/01 在【Shelf 展架】面板中，打开【Smart Materials 智能材质】，选择 Wood Beech Veined 山毛榉木纹材质球，拖曳至【图层】面板中，会把这个材质球赋予整个弹药箱，此时就要让烘焙的 ID 贴图发挥作用。在材质球图层上右击，选择【添加颜色选择遮罩】，在更新的属性面板中，单击【选取颜色】命令，此时模型上显示的是 ID 贴图，单击上面的红色，即可将该材质赋予指定的红色区域。

步骤/02 调整木纹方向。经过观察发现，材质的木纹方向与木头的木纹方向不一致，打开材质的文件夹，在展开的图层中发现每个层有两个框，前面一个框代表颜色，后面一个框代表遮罩。单击 Base Wood 层，在属性面板中调整【旋转】值为 90°。单击 Wood Fibers 层的遮罩框，选择 wood_patern_01，在属性面板中调整【旋转】值为 90°。单击 Wood Veins 层的遮罩框，选择 wood_patern_01，在属性面板中调整【旋转】值为 90°。此时，材质的木纹方向与模型的木纹方向相一致，如图 5.123 和图 5.124 所示。

图　5.123

步骤/03 为木纹材质表面叠加油漆层。在【Smart Materials 智能材质】组中选择 Machinery 材质球，将其拖曳至图层最上方。展开材质球的文件夹，只保留 Metal Base 层，删除其他子图层。在属性面板中，修改 Base Color 颜色为军绿色。此材质球只有一个子图层，将子图层 Metal Base 拖曳至 Wood Beech Veined 组中，并放置在该组的最上方，如图 5.125 所示。

图　5.124　　　　　　　　　　　图　5.125

步骤/04 为木纹材质做边缘磨损效果。选择【Smart Masks 智能遮罩】组中的 Moss 遮罩，将其拖曳至 Metal Base 图层上面，发现遮罩是反的，单击遮罩下的 Mask Builder-Legacy 层，在属性面板中，将【反转】设置为【打开】，这样就反转了遮罩。单击 Metal Base 层的颜色框，在属性面板中设置 Height 值为 0.07，使油漆有厚度，产生立体感，得到如图 5.126 所示的效果。

步骤/05 为材质表面做油漆的磨损。做油漆的磨损，需要改变油漆层的遮罩，单击油漆层的遮罩，在图层上右击，选择【添加绘图】，单击新生成的【绘画】层，在展架上的【Alphas 透贴】组中，选择并单击 Scratches Partial 作为笔头，在【属性】面板中适当调整画笔的大小、方向、流量等属性，按键盘上的 X 键，将笔头颜色反转变为黑色，然后在模型上需要的位置进行绘画。尤其注意木板的边缘磨损更加严重的位置，边缘有漆的位置需要涂抹掉。这样在模型表面就生成了更多的磨损效果，如图 5.127 所示。

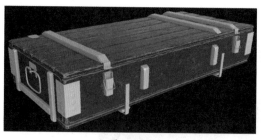 

图　5.126　　　　　　　　　　　图　5.127

步骤/06 将图层重命名为 box，按两次 Ctrl+D 快捷键复制两个同样的图层，分别命名为 wood1 和 wood2。分别单击遮罩下的【颜色选择】，删掉原来选的红色，使用【选取颜色】，重新分别选择两组木条的颜色。展开新复制材质的文件夹，删除步骤 05 中添加的绘画图层，再重新添加一个绘画图层，重新进行绘制，通过绘制使木条的侧面减少磨损效果，正面适当增加磨损效果。如图 5.128 所示是 wood1 层的效果。wood2 层做同样的处理。

步骤/07 在箱体侧面加文字。在 Photoshop 中创建 1024 像素 ×1024 像素的文档，创建一组白色文字，删除背景层，使文档为透明背景，存储文件为 PNG 格式，放置在 sourceimages 文件夹中。在 Substance Painter 中单击【文件】>【导入资源】命令，在弹出的窗口中，单击【添加资源】按钮，添加刚才绘制的文字图。单击 undefined 按钮，选择 texture，从纹理属性导入进来。在【将你的资源导入】中选择【项目文件】。打开 box 材质层的文件夹，右击 Metal Base 层上前面的颜色框，选择【添加绘图】。注意：不能把文字的绘图层添加到遮罩上面。遮罩只是控制油漆的破损程度，而文字在油漆表面，受油漆颜色的控制，因此要把文字的绘图层放置在颜色上面。单击新添加的绘画层，在属性面板中找到 Base Color，将刚才导入的文字拖曳至 Base Color 上面，此时笔头变为导入的文字，然后单击【Alpha 透贴】，在弹出的界面中选择 Shape Brick，【硬度】调整为 1，笔头变为方形，中间显示的是导入的文字。调整笔头大小，并在箱体的侧面合适位置单击，即可将文字绘制上去。但是，文字是纯白色，显得太新，需要将图层的透明度降低至 50% 左右，就可以达到较好的效果，如图 5.129 所示。

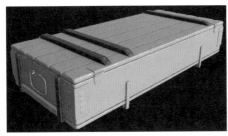

图　5.128　　　　　　　　　　图　5.129

至此，完成了木纹材质的制作，效果如图 5.130 所示。

图　5.130

5.8.2　绘制金属材质

金属材质分为三部分，metal1 组、metal2 组和钉子组。本案例的金属材质是绿色的底漆，表面有红色的锈迹，边缘有磨损。本节将使用普通材质进行制作。

步骤/01　在【图层】面板中，单击【添加文件夹】按钮，重命名为 metal1。选择【Materials 材质】组中的 Steel Rust and Wear 材质球，拖曳至 metal1 文件夹中。为 metal1 文件夹【添加颜色选择遮罩】，单击【选取颜色】将材质指定给 metal1 组。

步骤/02　调节参数。选择 Steel Rust and Wear 层，在属性面板中，调整【金属颜色】为绿色。调整【金属粗糙度】【表面凹凸度】等参数，让表面有随机的变化。通过增大【锈迹强度】的参数值，可以得到红色的锈迹效果，如果效果不满意，可以单击【随机】按钮，生成新样式的锈迹效果，直到设计人员满意为止。再通过调节【技术参数】下面的各个参数，使锈迹更加明显，效果如图 5.131 所示。

步骤/03 给材质边缘添加磨损效果。拖曳【Materials 材质】组中的 Steel Rough 材质球至 metal1 文件夹中，添加金属底。为 Steel Rough 图层添加【Smart Masks 智能遮罩】组中的 Stain Scratches 遮罩，做出边缘的磨损。在【属性】面板中，通过调整【全局平衡】【纹理】等参数，直到设计人员对效果满意为止，如图 5.132 所示。

图　5.131　　　　图　5.132

步骤/04 制作 metal2 组的材质。按 Ctrl+D 快捷键复制 metal1 层，重命名为 metal2，单击【颜色选择】按钮，在属性面板中的【颜色】处，删除原有的颜色，单击【选取颜色】重新指定颜色给提手模型。提手的磨损更为严重，需要更换 Steel Rough 层的遮罩，删除原来的遮罩，重新选择 Rust 遮罩，拖曳至 Steel Rough 层，适当调整参数，得到如图 5.133 所示的效果。

步骤/05 制作钉子材质。再次按 Ctrl+D 快捷键复制 metal1 层，重命名为 dingzi。选取 ID 贴图上的钉子，将材质赋予钉子。删除其子图层 Steel Rough，只保留 Steel Rust and Wear 层，如图 5.134 所示。

图　5.133　　　　图　5.134

至此，完成了所有材质的制作，效果如图 5.135 所示。

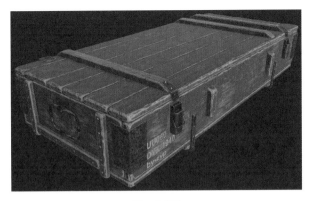

图　5.135

5.8.3 贴图的导出

绘制完材质贴图后，需要把贴图进行导出操作，用于在"八猴"渲染软件中进行最终的展示输出。

单击【文件】>【导出贴图】命令，在【导出文件】窗口中，设置导出的路径为 images 文件夹中的 sp 文件夹中，选择 targa 格式，导出全部贴图，大小选择 2048×2048。设置好参数之后，单击【导出】按钮，即可生成 6 张贴图，如图 5.136 所示。

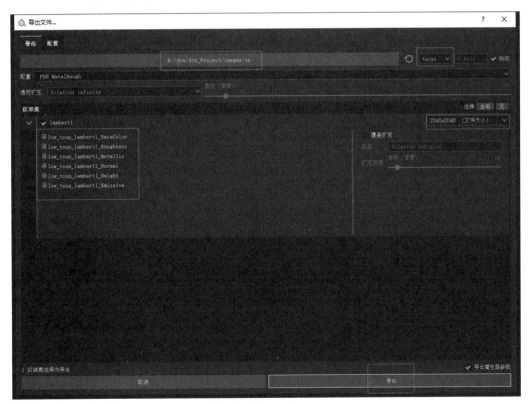

图　5.136

5.9 渲 染 输 出

5.9.1 Marmoset Toolbag 软件简介

Marmoset Toolbag 一般被称为"八猴"，它是一款功能齐全的三维实时渲染预览、动画和烘焙贴图的套件，是游戏艺术家们不可或缺的工具，广泛用于游戏美术的开发和展示。Marmoset Toolbag 的速度很快，能够提供一个高效率的工作流程，可以在流程的每一步提供精确、实时的预览，同时实时提供高质量的最终渲染，让制作产品级质量的图片更简单。

使用 Marmoset Toolbag 的用户多种多样，主要的使用者是游戏艺术家，在其他方面，如电影、广告、工业可视化等领域，可以被用作视觉预览的工具。

5.9.2 贴图导入及材质设置

单击 File >Import Model 命令，导入 dyx_allUV_low.obj 模型文件。双击右上角面板中的材质球，在 Sruface：面板中，选择 Normals，导入 low_tosp_lambert1_Normal.tga 法线贴图，选中 Flip Y，翻转法线贴图方向。在 Microsurface：面板中，选择 Gloss，导入 low_tosp_lambert1_Roughness.tga 粗糙度贴图，选中 Invert 翻转。在 Albedo：面板中，选择 Albedo，导入 low_tosp_lambert1_BaseColor.tga 基础颜色贴图，将颜色设置为纯白色。在 Reflectivity：面板中，选择 Metalness，导入 low_tosp_lambert1_Metallic.tga 金属度贴图。所有贴图导入后的效果，如图 5.137 所示。

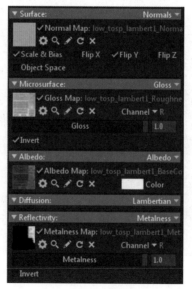

图 5.137

5.9.3 灯光设置

单击 Marmoset Toolbag 渲染软件左上角面板中的 Sky，在 Sky Light 面板中，单击 Presets 选择 Hedge Row 作为灯光。在 Backdrop 面板中，将 Mode 设置为 Color，将背景设置为深灰色的纯色背景。

当前场景的灯光偏暗，打开灯光编辑器，在环境贴图上任意位置单击即可手动添加灯光，灯光的颜色与鼠标单击位置图片上的颜色一致，拖动改变灯光位置，灯光颜色也会随图片颜色发生变化。本案例添加两盏灯光，其中一盏灯光 Sky Light 1 偏暖，另一盏灯光 Sky Light 2 偏冷，形成冷暖色的对比，如图 5.138 所示。

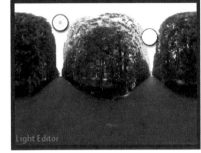

图　5.138

5.9.4 渲染设置

单击 Marmoset Toolbag 渲染软件左上角面板中的 Render，在弹出的面板中，选中 Local Reflections。Shadow Resolution 选择 High。选中 Enable GI，打开全局照明，打开后会比较耗费计算机资源，会出现卡顿，通常设置好其他参数后再选中全局照明。选中 Ambient Occlusion，打开环境光遮蔽，适当增加 Occlusion Strength 的值，如图 5.139 所示。

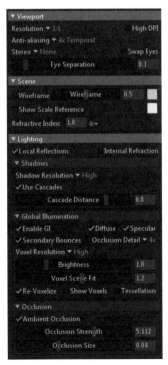

图　5.139

5.9.5 输出作品

单击菜单栏下面的 New Shadow Catcher 图标，会在场景中产生阴影，单击 Sky Light 2，取消选中 Cast Shadows 复选框使其不产生阴影。

调整视图至合适的观察角度，单击 Capture> Settings 命令，在弹出的 Capture Settings 对话框中，设置 Image 下面的参数，选择输出图片的尺幅，Sampling 设置为 100x，Format 为 JPEG 格式，如图 5.140 所示。

单击 Capture>Image 命令，或者按键盘上的 F11 键，即可输出最终的效果图。默认是存放在桌面上，最终效果如图 5.141 所示。将最终效果图转存至 images/Rendering Complete 文件夹中。单击 File >Save Scene As 命令，将文件放置在 scenes 文件夹中，文件命名为 dyx_Toolbag。

图　5.140

图　5.141

5.10　要 点 总 结

本章基于 PBR 流程，制作了弹药箱案例，首先在 Maya 中制作中模，在 ZBrush 中制作高模，又返回 Maya 制作低模，然后在 Maya 中拆分低模的 UV，接着介绍了两种烘焙贴图的方法，然后在 Substance Painter 中制作木纹材质和金属材质，导出材质贴图，最后在 Marmoset Toolbag 渲染软件中输出作品。本章的重点是要理解 PBR 制作流程，掌握基于 PBR 流程的案例的制作方法，掌握不同的烘焙贴图方法，根据模型特点使用最佳方式进行烘焙贴图。

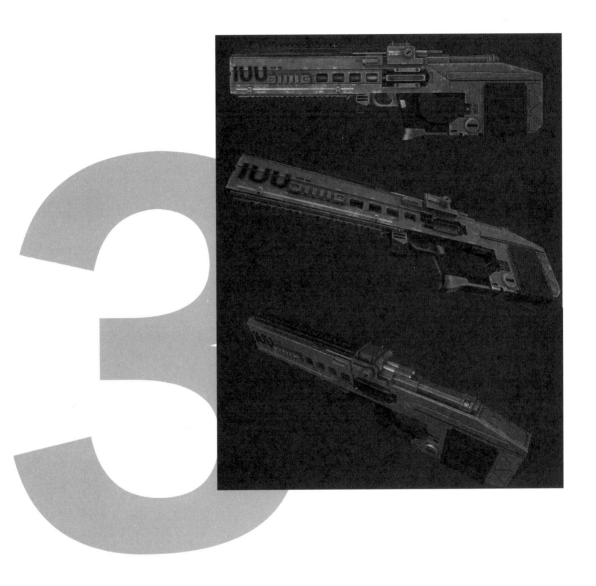

3

PBR流程高级案例

本章概述

本章制作基于 PBR 流程的次世代科幻武器高级案例，进一步强化 PBR 流程的步骤，包括中模制作、高模制作、低模制作、拆分 UV、烘焙贴图、绘制材质贴图、渲染输出。强化游戏道具制作的标准方法。使用的主要软件包括 Maya、xNormal、Substance Painter 和 Marmoset Toolbag。通过案例的深入制作，进一步熟悉各个软件的使用方法。

学习目标

（1）掌握次世代游戏模型的制作原则。

（2）掌握正确 UV 拆分的方法。

（3）根据模型特点使用适合的烘焙贴图方法。

（4）进一步掌握在 Substance Painter 中绘制贴图的技巧。

（5）掌握"八猴"渲染软件的操作技巧。

本章将制作一把科幻武器枪。按照 PBR 的流程，制作步骤分为中模制作、高模制作、低模制作、UV 拆分、烘焙贴图、绘制材质贴图、渲染输出，如图 6.1 所示。

图 6.1

使用的软件包括 Maya、Photoshop、xNormal、Substance Painter、Marmoset Toolbag，如图 6.2 所示。

图 6.2

科幻武器枪案例的参考图，如图 6.3 所示。

图　6.3

在正式制作之前需要创建项目，设置工程目录，进行文件管理，保证保存场景和其他文件时，都会自动保存在设定的指定路径中，并且要导入参考图片。

步骤／01 选择【文件】>【项目窗口】命令。

步骤／02 在【项目窗口】中，单击【新建】按钮。

步骤／03 在【当前项目】文本框中输入新项目的名称 Gun_Project。

步骤／04 单击【位置】右侧的浏览 🗀 图标，指定项目目录的位置。下面的参数保持默认设置即可。

步骤／05 单击【接受】按钮保存更改，并关闭【项目窗口】，如图 6.4 所示。

图　6.4

步骤／06 将参考图放置在工程目录的 sourceimages 文件夹中，如图 6.5 所示。

图　6.5

步骤/07 将源文件存储在工程目录中的 scenes 文件夹中，并命名为 Gun_v01_mid，如图 6.6 所示。

图　6.6

步骤/08 按住空格和鼠标右键，将视图切换至前视图，如图 6.7 所示。

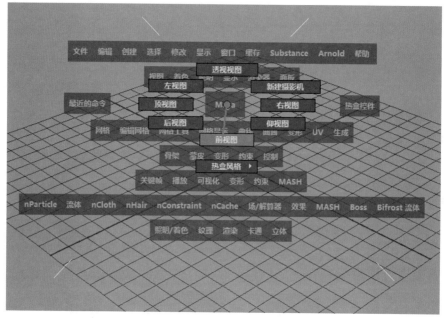

图　6.7

步骤/09 执行【视图】>【图像平面】>【导入图像】命令，如图 6.8 所示。

图　6.8

步骤/10 在【打开】对话框中选择06.jpg图片，将图片导入前视图作为参考图，如图6.9所示。

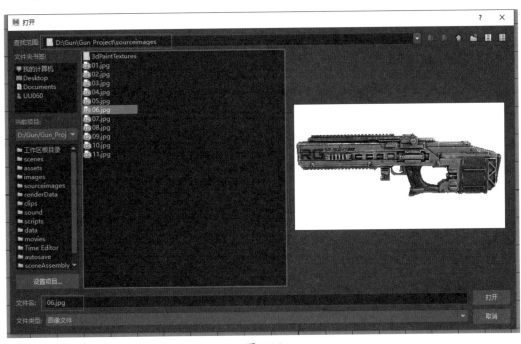

图　6.9

步骤/11 在右侧【通道盒/层编辑器】中修改【图像中心Z】为-15，设置【宽度】值为20，【高度】值为11.52，如图6.10所示。

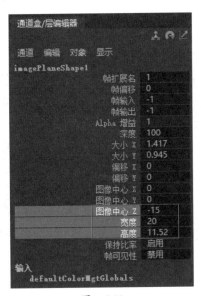

图　6.10

步骤/12 在工具架上添加常用的命令，便于快捷操作。

（1）单击【编辑】>【特殊复制选项】命令后面的方框，将【缩放Z】的值设置为-1，用于沿Z轴方向做镜像复制，单击【关闭】按钮。然后，按住Ctrl+Shift键，单击【编辑】>【特殊复制】命令，即可将该命令添加至工具架。

（2）按住 Ctrl+Shift 键，单击【编辑】>【按类型删除全部】>【历史】命令，添加【历史】命令至工具架。

（3）按住 Ctrl+Shift 键，单击【修改】>【冻结变换】命令，添加【冻结变换】命令至工具架。

（4）按住 Ctrl+Shift 键，单击【修改】>【中心枢轴】命令，添加【中心枢轴】命令至工具架。

（5）按住 Ctrl+Shift 键，单击【显示】>【多边形】>【边界边】命令，添加【边界边】命令至工具架。

（6）再添加一个自定义的命令，自定义的命令命名为【冻结并重置】。本实例中有很多相同的零件是对称放置的，只需要制作其中一个模型，再镜像复制出另一个即可。而镜像复制要以坐标轴为对称轴，可以将模型的操纵轴先【冻结】再【重置】至视图 0 点位置。此自定义的命令是单击一次执行两步操作。打开【窗口】>【常规编辑器】>【脚本编辑器】，粘贴如下【冻结并重置】命令的代码至对话框。然后，单击【脚本编辑器】面板上面的【文件】>【将脚本保存至工具架】命令，在弹出的对话框中输入自定义的名称【冻结并重置】，单击 OK 按钮，即可成功添加至工具架，如图 6.11 所示。

【冻结并重置】命令的代码如下：

```
FreezeTransformations;
makeIdentity -apply true -t 1 -r 1 -s 1 -n 0 -pn 1;
ResetTransformations;
```

图 6.11

在工具架上添加完成常用工具，界面如图 6.12 所示。

图 6.12

制作项目的准备工作已经完成，单击【文件】>【保存场景】命令即可保存文件。

6.1 制作中模

本节开始制作科幻武器枪的中模，中模主要用于塑造大型，要遵循如下的规则进行制作。

（1）模型线框尽量为四边形，便于在制作高模阶段的锁边操作。

（2）不制作小的倒角边。

（3）不做锁边。

（4）中模不限制面数。

6.1.1 制作枪筒中模

本节制作的枪筒中模，如图6.13所示。

步骤/01 将视图切换至前视图，在前视图中，单击【视图】菜单的网格图标，将前视图的网格隐藏，如图6.14所示。

图 6.13　　　　　　　图 6.14

步骤/02 按住Shift键与鼠标右键，向上拖曳鼠标，选择【创建多边形工具】，如图6.15所示。

步骤/03 使用【创建多边形工具】，沿着参考图的枪筒边缘单击创建一个面片，如图6.16所示。

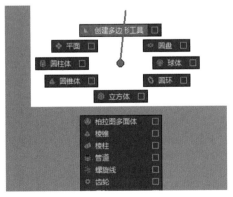

图 6.15　　　　　　　图 6.16

步骤/04 按住鼠标右键，向左滑动进入【顶点】模式，如图 6.17 所示。

步骤/05 使用缩放工具，将处于同一水平线或垂直线上的点对齐，如图 6.18 所示。

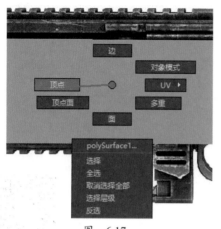

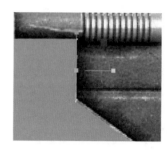

图 6.17 　　　　　　　　　　　　　　　图 6.18

步骤/06 按住 Shift 键与鼠标右键，向右滑动鼠标，选择【多切割】工具，以右侧折点为起点，在水平方向和垂直方向分别加一条线。通过对齐操作，使线保持水平和垂直。进入【顶点】模式，选择垂直线下面的点，单击坐标轴 X 轴锁定轴向，按住 V 键，激活【点捕捉】，同时在上方折点处，单击鼠标中键并轻微晃动鼠标，即可将点与点对齐。水平线采取同样的方法对齐，如图 6.19 所示。

步骤/07 按住鼠标右键，向下快速滑动鼠标，使模型进入【面】模式。全选面，按住 Shift 键与鼠标右键，快速向下滑动鼠标，选择【挤出面】命令，沿 Z 轴方向挤出面，【局部平移 Z】值设置为 1.19，如图 6.20 所示。

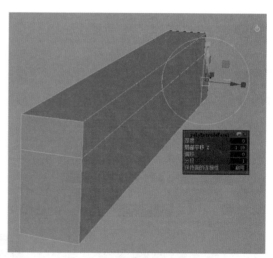

图 6.19 　　　　　　　　　　　　　　　图 6.20

步骤/08 进入【边】模式，选择上面的两条边，按住 Shift 键与鼠标右键，向右选择【倒角边】工具，制作大倒角，【分数】值设为 0.4，如图 6.21 和图 6.22 所示。

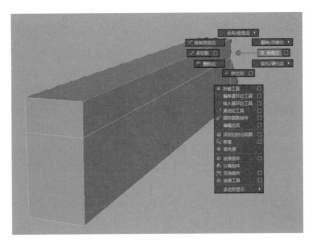

图　6.21

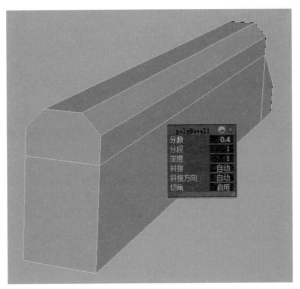

图　6.22

步骤/09 如图6.23（a）所示，选择枪口处的面，按住Shift键与鼠标右键，使用【复制面】工具进行复制。如图6.23（b）所示，选择复制出来的面，使用【挤出】工具向前挤出，【局部平移Z】设置为0.2。如图6.23（c）所示，选择挤出的模型，执行【修改】>【中心枢轴】命令使枢轴点居中，缩小模型至合理的比例。选择枪口模型最前面的环边，使用【倒角边】工具，做出倒角。

步骤/10 制作枪筒中部的凹陷造型。因为枪是左右对称的模型，所以删掉一半模型，仅操作另一半模型，完成后再复制成完整模型。在Z轴方向为模型添加一条中线，选择Z轴方向的一条线，按住Ctrl键与鼠标右键，选择左下角的【环形边工具】>【到环形边并分割】命令，即可添加中线。由于中间有多于四边的面，所有中线没有形成完整环形，需要多次添加，并把断开的部分使用【多切割】工具进行连接，形成完整的环形中线。选择一半模型的面，按Delete键进行删除，只保留一半模型，如图6.24所示。

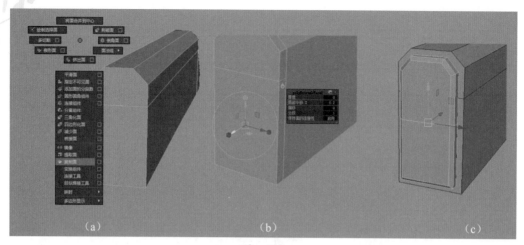

图　6.23

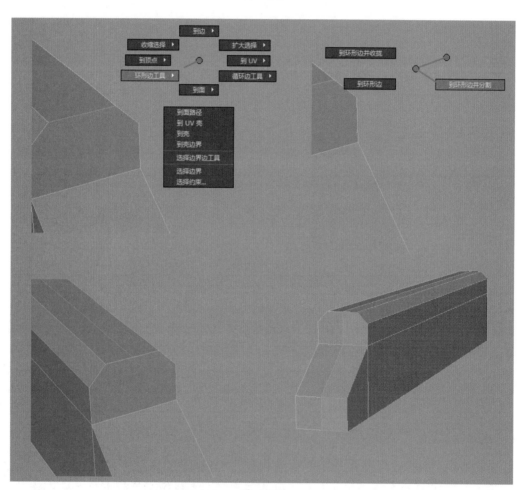

图　6.24

步骤/11 按照图 6.25 为模型加线。按住 Shift 键与鼠标右键，选择【多切割】命令，并按住 Ctrl 键在水平和垂直方向加线。按照图 6.26 的样子，整理右侧的线。沿着如图 6.27 所示的枪的凹陷边缘，通过【多切割】命令连接点，然后整理线的位置。

图　6.25

图　6.26

图　6.27

步骤/12 整理模型。选择如图 6.28（a）所示的两条小边，按住 Shift 键与鼠标右键，向上拖动鼠标，选择【合并 / 收拢边】>【收拢边】命令，将边进行合并。

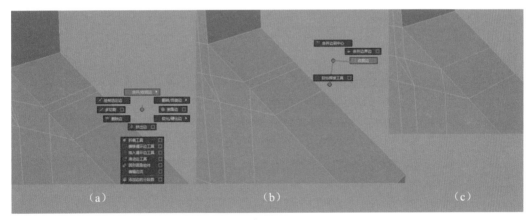

| (a) | (b) | (c) |

图　6.28

步骤/13 整理模型。选择如图 6.29（a）所示的线，按住 Shift 键与鼠标右键，选择【删除边】命令，做删除边操作。

步骤/14 制作枪筒凹陷。选择如图 6.30（a）所示的面，按住 Shift 键与鼠标右键，选择【挤出】命令，沿 Z 轴方向挤出，调整【局部平移 Z】为 –0.07。如图 6.30（c）所示，减选前半部分的面，再次使用【挤出面】命令，沿 Z 轴挤出，锁定 Z 轴方向，按住 V 键，激活点捕捉，单击鼠标中键在模型的开放边上任意一个点晃动鼠标，对齐开放边。然后按 Delete 键删除面，效果如图 6.30（d）所示。

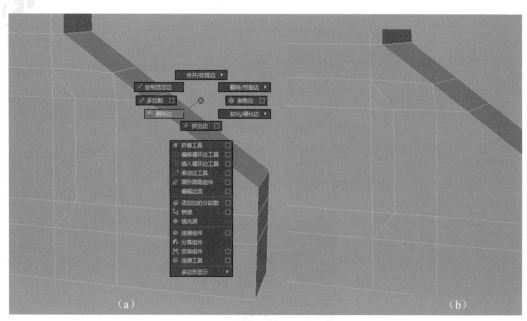

图　6.29

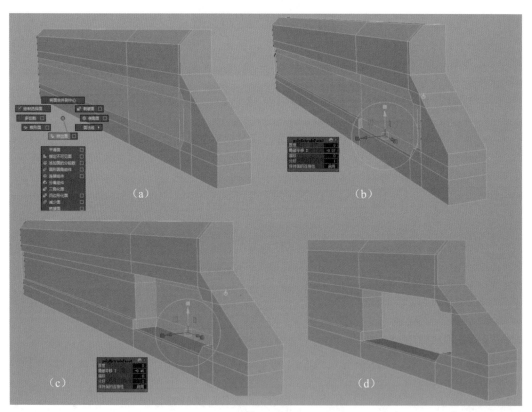

图　6.30

步骤/15 整理枪口部位的面。选择步骤 14 中枪口位置挤出的面，按 Delete 键删除面。选择如图 6.31（b）所示的边，按住 Shift 键与鼠标右键，选择【挤出边】命令，做挤出边操作，并按 V 键，激活捕捉到点工具，使其与模型中线对齐。

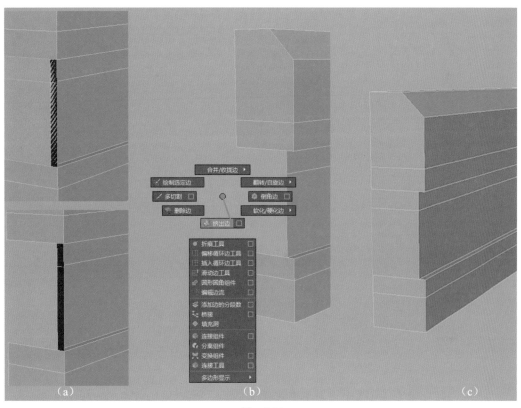

图　6.31

步骤/16 复制另一半模型，按住 D+V 快捷键改变枢轴点的位置，在模型中线的一个点位置单击鼠标中键并轻微晃动鼠标，即可调整模型的枢轴点到模型中线位置。如图 6.32 （b）所示，单击操控轴的 Z 轴，锁定 Z 轴向，按住 X 键，打开捕捉到网格的工具，在 X 轴 0 点的位置单击鼠标中键并轻微晃动鼠标，将模型中线对齐至 X 轴的位置。单击工具架上的【特殊复制】命令，在 X 轴的另一侧镜像复制出另一半模型，如图 6.32（c）所示。

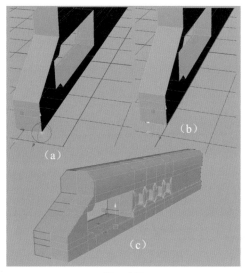

图　6.32

步骤/17 按住 Shift 键与鼠标右键，使用【结合】命令进行模型结合。切换视图至右视图，框选中线位置上的所有点，按住 Shift 键与鼠标右键，向上拖曳，使用【合并顶点】工具合并所选的点，操作过程如图 6.33 所示。

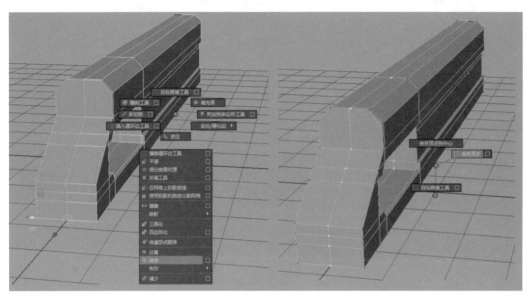

图 6.33

步骤/18 单击工具架上的【多边形】>【边界边】命令，没有缝合的边将以粗线形式显示，删除边界边所包围的面，按住 Shift 键与鼠标右键，选择【填充洞】工具，填充完整，使用【多切割】工具，将新创建的面上的断线进行连接，效果如图 6.34 所示。

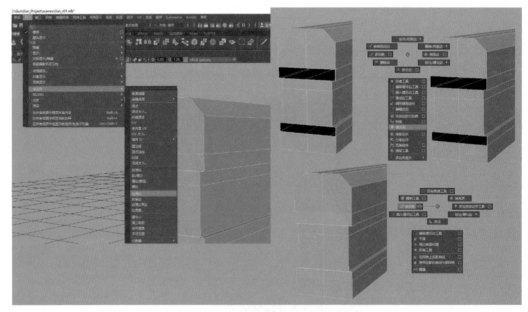

图 6.34

步骤/19 制作枪筒上的 4 个孔。使用【删除边】命令，删除如图 6.35（a）所示的线。使用【插入循环边工具】，沿垂直方向，在每个孔的两侧分别添加循环边。

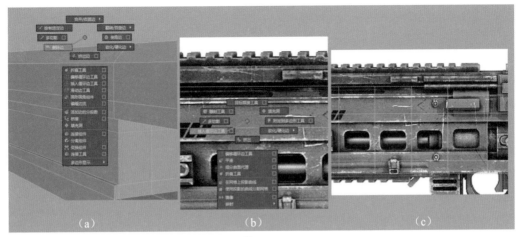

图　6.35

步骤/20 依照方形孔洞的尺寸，创建一个立方体，选择四条边，使用【倒角边】工具制作倒角，【分数】调整为 0.4，【分段】调整为 4。按 Shift+D 快捷键，依照如图 6.36（c）所示的孔的位置，复制并向右拖动圆角立方体，再反复按两次 Shift+D 快捷键进行等距离的复制。由于参考图不是真正的正视图，复制出来的模型与参考图位置有错位，因此应以复制的模型位置为准。

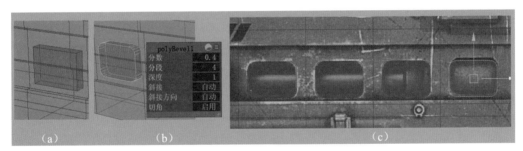

图　6.36

步骤/21 使用【结合】命令，将 4 个立方体结合。先选择枪筒主体，按 Shift 键，再选择结合起来的 4 个立方体。按住 Shift 键的同时单击鼠标右键，执行【布尔】>【差集】命令，进行布尔运算，得到如图 6.37（c）所示的模型。使用【多切割】命令，整理连接模型上的线，把布尔运算后产生的圆角面上的点连接到各自临近的对应点上，效果如图 6.37（d）所示。

步骤/22 制作枪筒凸起的棱。如图 6.38（a）所示，选择偏下的边，使用【倒角边】工具，【分数】值调整为 0.1。如图 6.38（b）所示，选择倒角面，使用【挤出面】工具，【局部平移 Z】的值调整为 0.06。同样的操作方法，选择偏上的边，使用【倒角边】工具，【分数】值调整为 0.1。选择倒角面，使用【挤出面】工具，【局部平移 Z】的值调整为 0.06，效果如图 6.38（d）所示。

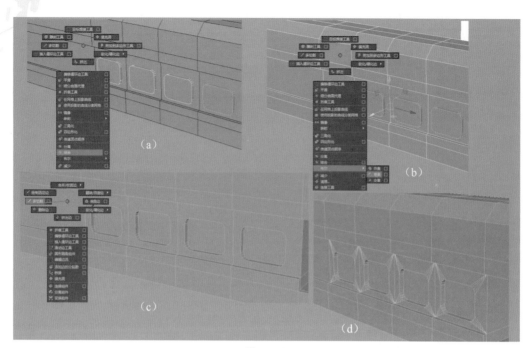

图　6.37

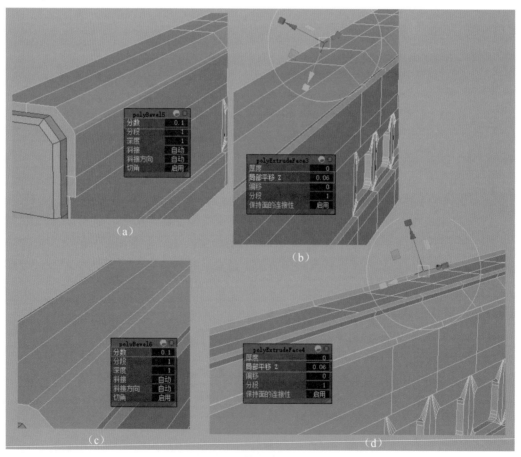

图　6.38

步骤/23 调整模型。步骤 21 中只在枪筒的一侧挖了孔，另一侧也需要做出来。由于两侧是对称的模型，需要通过镜像复制的方法来处理。切换视图至【右视图】，选择如图 6.39（a）所示的没有挖孔的一侧模型，按 Delete 键删除。按 D+V 快捷键，配合单击鼠标的中键，调整模型的框轴点至如图 6.39（c）所示的位置。单击工具架上的【特殊复制】命令，完成镜像复制，在将【特殊复制】命令放置在工具架上之前已经设置【缩放 Z】参数值为 −1，所以直接单击工具架上的命令就可以做镜像复制。然后将两部分模型【结合】起来，切换视图至【右视图】，框选衔接处的所有点，按住 Shift 键与鼠标右键，选择【合并顶点】命令，将点粘接起来，如图 6.39（e）所示。

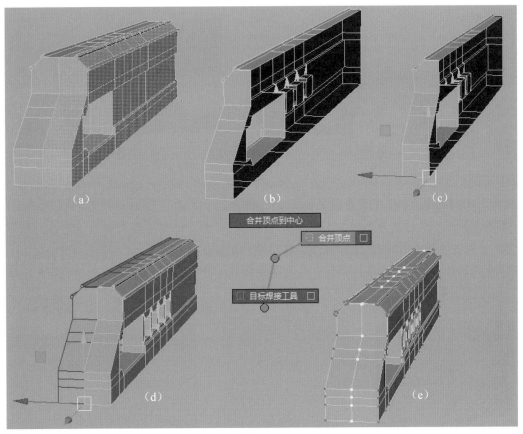

图　6.39

制作出如图 6.40 所示的枪口两侧的 4 个立方体，调整合适的大小，并删除与主体模型之间的夹面。

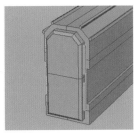

图　6.40

至此，枪筒的中模制作完成。

6.1.2 制作弹匣部位中模

本节制作弹匣部位的中模，如图 6.41 所示。

步骤/01 按照造型，先创建大体量模型。使用【创建多边形工具】，依照参考图弹匣的外形，依次单击，创建外形，创建之前可以按键盘上的 4 键以线框形式显示模型，这样就会避免产生遮挡，更便于建模。效果如图 6.42 所示。

图 6.41   图 6.42

步骤/02 分别选择处在同一水平方向或者同一垂直方向的点，使用【缩放】工具进行压平，使线都保持水平或者垂直，如图 6.43 所示。

步骤/03 使用【创建多边形工具】，创建中间的模型，按 V 键激活捕捉点命令，将模型上的点与步骤 02 的模型上相对应的点对齐，如图 6.44 所示。

步骤/04 为模型添加多条结构线，使线框呈四边形，可以参考图 6.45 所示的样式，当然布线不必一模一样，根据自己的模型布线即可。

  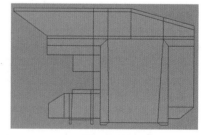

图 6.43   图 6.44   图 6.45

步骤/05 将模型与枪筒的某一侧面对齐，然后使用【挤出面】工具，对弹匣的大模型做挤出，挤出厚度与枪筒厚度相同，调整【局部平移 Z】值为 -1.19（或者使用点捕捉会更加准确）。如果挤出的模型呈黑色，则说明模型的法线方向是反的，执行【网格显示】>【反向】命令，将模型法线方向翻转。单击工具架上的【中心枢轴】命令，居中模型的枢轴点，使用【缩放】工具，沿 Z 轴整体缩小一些，如图 6.46（c）所示。再次使用【挤出面】工具，挤出中间模型，调整【局部平移 Z】值为 -1.19。如果有需要，同样翻转法线方向，如图 6.46（d）所示。

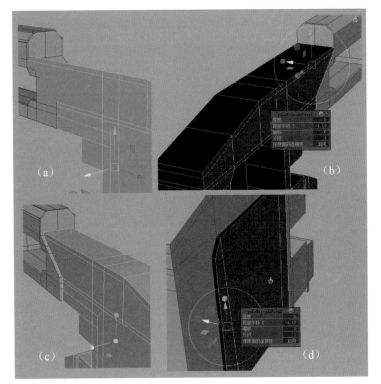

图 6.46

步骤/06 选择最靠上的面的边，使用【倒角边】工具，制作倒角，调整【分数】值为 0.5，如图 6.47 所示。

步骤/07 为如图 6.48 所示的两条边做【倒角边】，标号为①处的边调整【分数】值为 0.1，调整【分段】值为 2。标号为②处的边调整【分数】值为 0.2，调整【分段】值为 2。

图 6.47

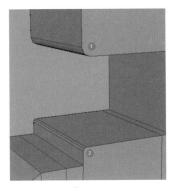

图 6.48

步骤/08 制作弹匣底部的模型。创建立方体，调整大小，使用【倒角边】将两条底边倒角，【分数】设置为 0.5，【分段】设置为 3，删除与弹匣之间的夹面。创建第 2 个立方体，调整模型大小，并与弹匣模型对齐，两个底边同样倒角，【分数】设置为 0.5，【分段】设置为 2，删除夹面。创建第 3 个立方体，调整模型至合适大小，选择底面整体缩小，删除夹面，如图 6.49 所示。

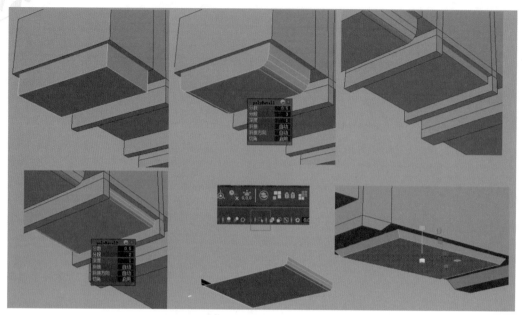

图 6.49

步骤/09 选择如图 6.50 所示的下面的四条小边，使用【倒角边】工具，制作倒角，调整【分数】值为 0.4、【分段】值为 2。

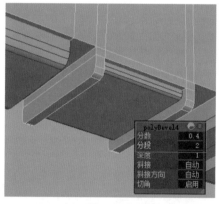

图 6.50

步骤/10 如图 6.51（a）～（d）所示，创建圆柱体。【轴向细分数】调整为 16，【端面细分数】调整为 0，调整圆柱体的大小，删除上下两个端面和一半侧面模型。选择两条侧面的边，使用【挤出边】工具，单击【局部／世界切换】按钮，切换至【世界坐标】，将【平移 X】值调整为 0.4，放置到合理的位置。再次创建圆柱体，选择端面，使用【挤出面】工具，进行 4 次挤出，并为挤出的其中两条边做【倒角边】，得到如图 6.51（f）所示的形状。创建立方体，调整至合适的大小。为两端的四条边做【倒角边】，【分数】值设置为 0.4，【分段】值设置为 2。创建一个【轴向细分数】值为 8 的圆柱体，删除两个端面，用于制作支撑模型，放置在如图 6.51（g）所示的合适位置处。选择该圆柱模型，单击【工具架】上的自定义命令【冻结并重置】，再单击【特殊复制】，将模型镜像复制至另外一侧。

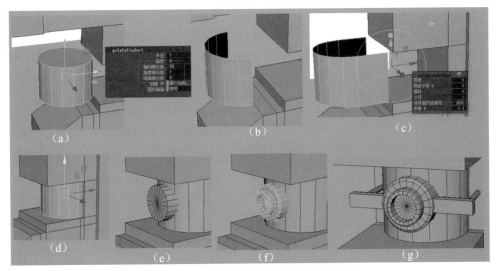

图   6.51

步骤 11 根据参考图，创建圆柱体。【轴向细分数】值调整为 16，调整至合适的大小。选择圆柱体的下半部分面，按住 Shift 键与鼠标右键，选择【提取面】命令，将圆柱等分为上下两部分，放置在合适的位置，使用【结合】工具，将两部分结合。按住 Shift 键与鼠标右键，使用【附加到多边形工具】，依次单击相对应的边，就会生成连接面，把所有相对应的边重复使用【附加到多边形工具】，得到完整的模型，删除与弹匣之间的夹面，制作过程如图 6.52 所示。

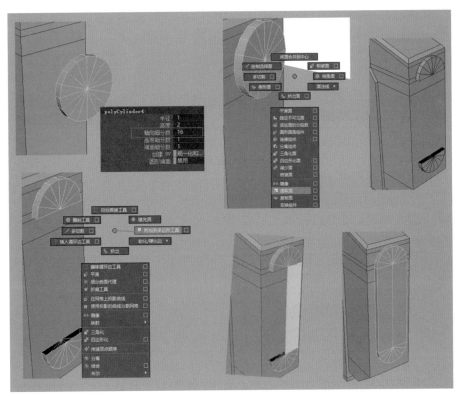

图   6.52

步骤/12 复制步骤 11 制作的模型，整体缩小，再调整形状，使模型上端大，下端小，如图 6.53（a）所示。切换至前视图，调整模型的形状，使模型上宽下窄。使用【倒角边】工具，对外边缘倒角，【分数】值调整为 0.3。放置模型至合理的位置。

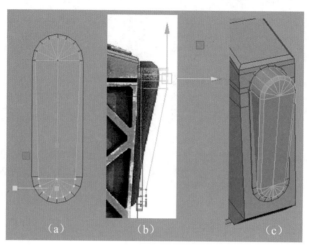

图　6.53

步骤/13 创建圆柱体，调整大小，【轴向细分数】值调整为 12，删除一半模型，双击全选开口边，使用【填充洞】工具，使半圆柱体封闭；使用【挤出面】工具，做多次挤出操作，并调整造型，得到如图 6.54（d）所示模型。

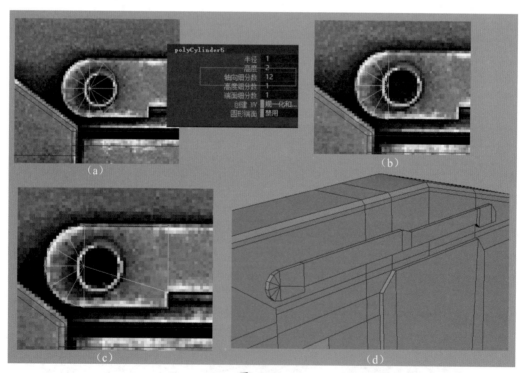

图　6.54

步骤/14 删除看不见的夹面，调整模型，选择内侧的边，略微放大，使侧面有一定的倾斜角度，而不是与主体模型完全垂直，如图 6.55 所示。选择模型，依次单击【工具架】

上的【冻结并重置】和【特殊复制】命令，将模型镜像复制至另外一侧。

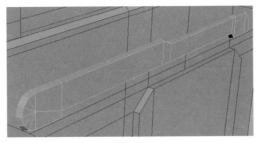

图　6.55

步骤15 创建立方体，调整大小。如图6.56（b）所示，使用【倒角边】工具，对立方体上的两侧边倒角，【分数】值调整为0.4。

如图6.56（c）和（d）所示，选择端面，用【挤出面】工具，缩小挤出，调整面的位置，选择小面再次挤出，【局部平移Z】值调整为2.25。

依照图6.56（e）的样子再做挤出。

如图6.56（f）所示，在模型的两侧面分别加一条线，在顶面加一条中割线，选择中割线，【倒角边】生成两条等距的线，选择图6.56（f）所示的面向内挤出，【局部平移Z】值调整为−0.062，并整体缩小。删除模型底面看不见的夹面，并将所有底边对齐。最后整理模型上的线，使面都是四边形。

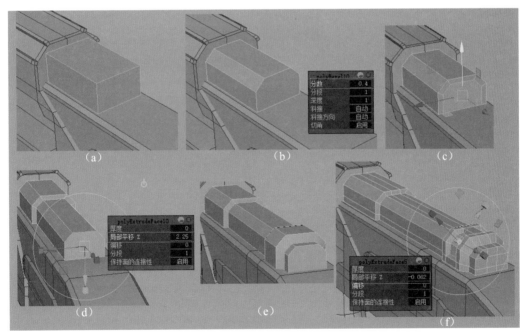

图　6.56

步骤16 创建圆柱体，调整【轴向细分数】值为16，【端面细分数】值为0。依据图6.57（c）调整大小，选择外侧环边，使用【倒角边】工具倒角，【分数】值为0.5；使用【多切割】工具将对应的点连接；删除与大模型之间的夹面。单击【工具架】上的【冻结并重置】和【特殊复制】命令，将模型镜像复制至另外一侧，如图6.57（d）所示。

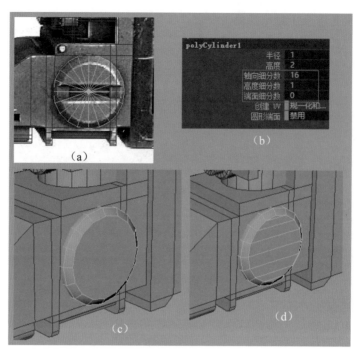

图　6.57

6.1.3 制作扳机护弓中模

本节制作扳机护弓部位的中模，如图 6.58 所示。

图　6.58

步骤/01 制作扳机护弓。创建一个圆环体，设置【轴向细分数】值为 12，【高度细分数】值为 6。切换至前视图，根据图 6.59（b）和（c）调整模型大小，在点模式下调整点的位置，删除多余的面，完成扳机护弓大型的塑造。为了便于操作，可以先删除对称的一半模型，如图 6.59（d）所示。

步骤/02 精细调整扳机护弓模型。选择如图 6.60（a）所示的边，按住 Ctrl 键和鼠标右键，快速画出小于号形状的轨迹线，即可在垂直方向添加中线。现在需要沿着面法线方向移动新添加的线，使得面更加圆滑，但是此曲线不在同一方向上，不能使用普通的移动工具移动，如图 6.60（c）和（d）所示，需要按住 Shift 键与鼠标右键，选择【变换组件】命令，移动边。扳机护弓的前后两个面都需要用同样的方法加线并移动。

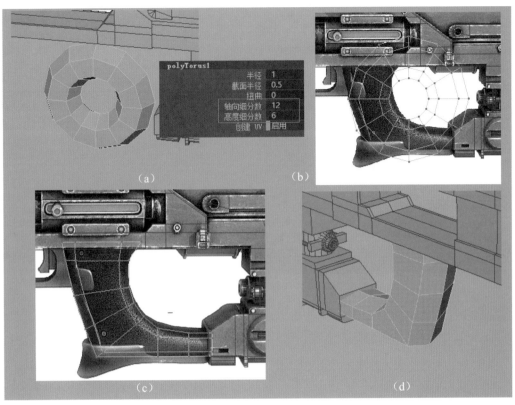

图　6.59

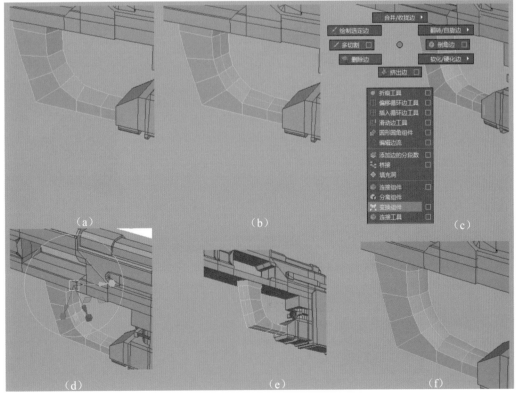

图　6.60

步骤/03 将编辑完成的面，单击【工具架】上的【特殊复制】命令进行镜像复制。使用【结合】命令，将两半模型结合起来，框选中线位置的所有点，按住 Shift 键与鼠标右键，使用【合并顶点】工具合并顶点，如图 6.61 所示。

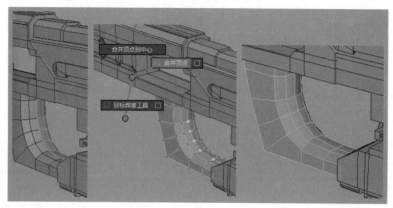

图　6.61

步骤/04 制作扳机护弓下面的金属底托。创建立方体，调整大型，适当加线，选择如图 6.62（d）所示的两侧的线，使用【倒角边】命令，调整【分段】值为 2。如图 6.62（f）所示，使用【多切割】工具，将倒角处的点进行连接。继续加线，根据图 6.62（g）的样子调整模型布线。如图 6.62（h）所示，执行【挤出面】命令，设置【局部平移 Z】为 1.5，继续调整模型，得到如图 6.62（i）所示的效果。

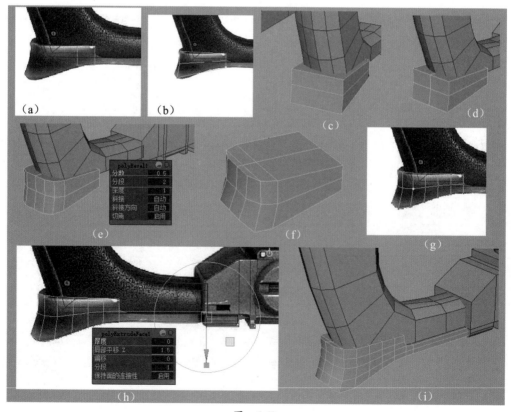

图　6.62

步骤/05 使用【创建】>【多边形基本体】>【管道】工具，创建管道，【厚度】值调整为0.3，【轴向细分数】值调整为16。切换至前视图，依照图 6.63（c）的样子调整模型，并调整比例，得到如图 6.63（d）所示的模型。

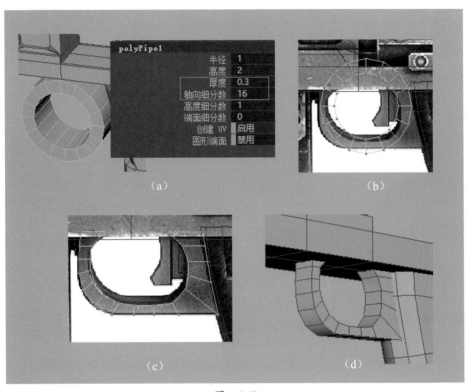

图　6.63

步骤/06 制作扳机。创建立方体，调整【高度细分数】值为 6，切换至前视图，调整模型。如图 6.64（c）所示，选择面，使用【挤出面】工具，做两次挤出操作，第一次挤出缩小面，第二次平移挤出，根据模型，调整【局部平移 Z】值为 0.22，得到扳机模型，如图 6.64（d）所示。

步骤/07 创建立方体，并按图 6.65(a)所示为模型加线。选择如图 6.65(b)所示的 3 个面，使用【挤出面】工具，同时向内挤出。

如图 6.65（c）所示，选择两条底边，使用【倒角边】工具，调整【分数】值为 0.4。

如图 6.65（d）所示，选择下面的小面做凸起，使用【挤出面】工具，做两次挤出操作，挤出凸起的小面。

如图 6.65（e）所示，创建立方体，使用【倒角边】【挤出面】等工具，创建下面的小零件。然后依次单击【工具架】上的【冻结并重置】和【特殊复制】命令，镜像复制另一个小零件。

如图 6.65（f）所示，创建【立方体】，在垂直方向加一条线，调整形状，制作出旁边的模型，再使用【冻结并重置】和【特殊复制】命令，复制至另一侧。

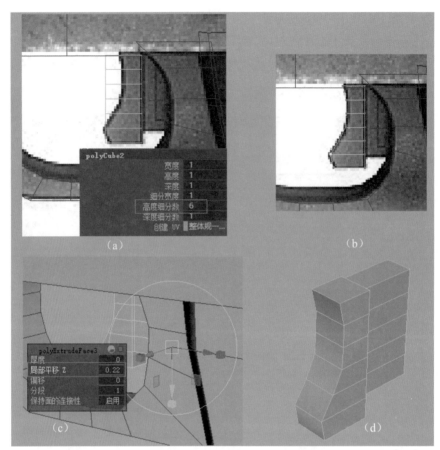

（a）　　　　　　　　　　　　　　　　（b）

（c）　　　　　　　　　　　　　　　　（d）

图　　6.64

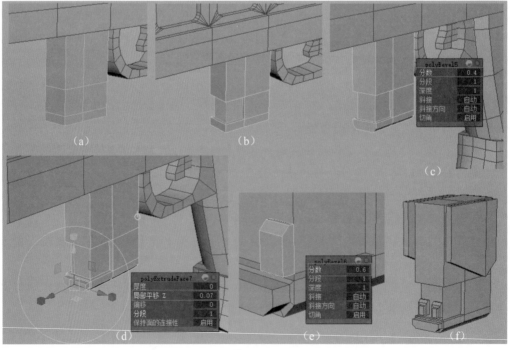

（a）　　　　　　　　　　（b）　　　　　　　　　　（c）

（d）　　　　　　　　　　（e）　　　　　　　　　　（f）

图　　6.65

6.1.4 制作枪膛中模

本节制作枪膛的中模，如图 6.66 所示。

图 6.66

步骤/01 创建圆柱体，调整【端面细分数】值为 3，调整端面圆形线的大小。在前视图中依照如图 6.67（c）所示，进行【挤出面】操作，调整【局部平移 Z】值为 1.632。选择端面，使用【挤出面】工具做缩小面操作，再次使用【挤出面】工具做平移挤出操作，【局部平移 Z】值调整为 0.278。再次使用【挤出面】工具做缩小面操作，再次做平移挤出操作，【局部平移 Z】值调整为 2.426。制作过程如图 6.67 所示。

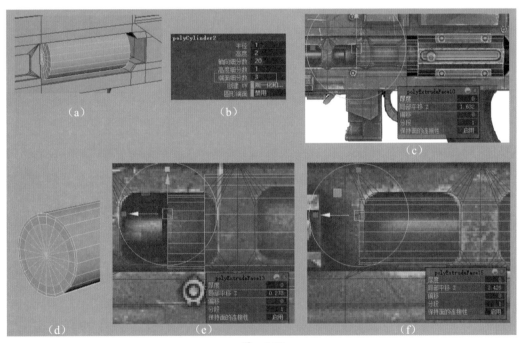

图 6.67

步骤/02 选择如图 6.68（a）所示的面，做【挤出面】操作，【局部平移 Z】值调整为0.3。执行【窗口】>【设置/首选项】>【首选项】命令，打开首选项面板，单击【选择】选项卡，将选择面的方式设置为【中心】，每个面的中心会出现一个点，单击面中心的点才能选择面，如图 6.68（c）所示，选择新挤出生成的面与圆柱之间的夹面，按 Delete 键进行删除。如图 6.68（d）所示，添加一条循环边，并与新挤出面的位置对齐。如图 6.68（e）所示框选点，按住 Shift 键与 鼠标右键，选择【合并顶点】工具，把开放边处的点焊接起来，如图 6.68 所示框选的点超出了要焊接点的范围，执行【合并顶点】命令时，只要控制好【距离阈值】的值，就只会焊接开放边处的点，其他多选的点不会受影响。

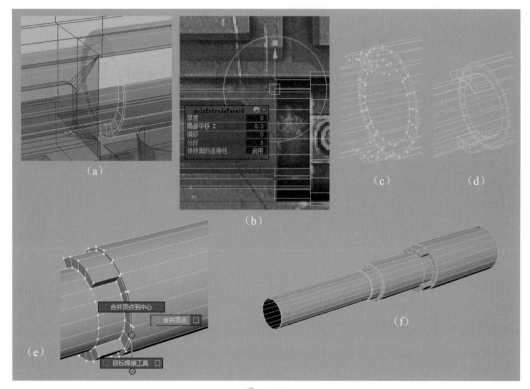

图　6.68

步骤/03 枪膛的后侧，通过加线，多次执行【挤出面】命令并调整造型，做出比较圆滑的凸起效果，如图 6.69 所示。

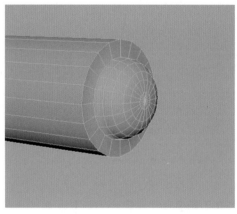

图　6.69

步骤/04 创建立方体，调整外形，在水平方向添加一条线，执行【倒角边】命令，调整【分数】值为 0.7，【分段】值为 4。依照图 6.70（b）调整点的位置，删除夹面。

步骤/05 处理侧面，选择两个面，使用【缩放】工具，沿 Z 轴方向压平模型，做挤出操作，

【局部平移 Z】值调整为 0.02，如图 6.71 所示。

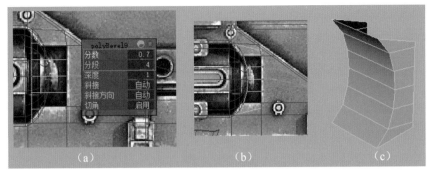

图　6.70

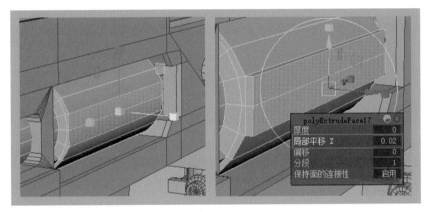

图　6.71

步骤/06 创建圆柱体，【半径】值调整为 0.13，【高度】值为 0.4，【轴向细分数】值为 16，【端面细分数】值为 0。然后处理两个端面的造型，如图 6.72 所示。

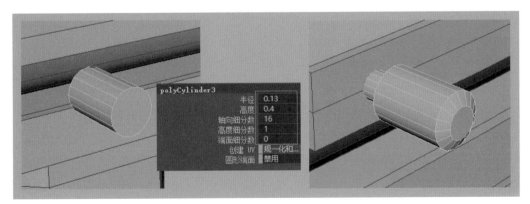

图　6.72

步骤/07 创建立方体，调整至合适的位置和大小。选择四条边，使用【倒角边】工具进行倒角，【分段】值调整为 3。依照图 6.73（b）向下复制模型，然后单击【工具架】上的【冻结并重置】和【特殊复制】命令，向枪膛的另一侧分别复制两个立方体。

步骤/08 创建圆柱体，设置【端面细分数】值为 0，使用【挤出面】工具，做多次挤出操作，并放置在合适的位置，制作过程如图 6.74 所示。

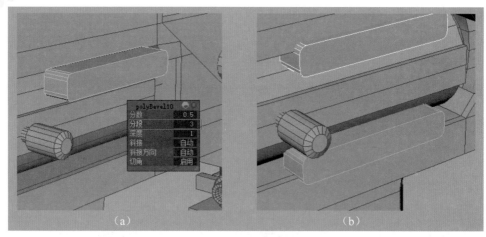

（a）　　　　　　　　　　　　　　（b）

图　6.73

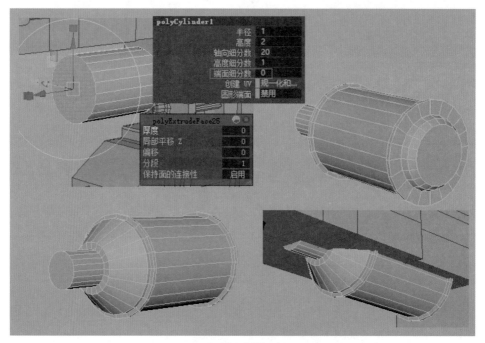

图　6.74

步骤/09 枪膛模型最终效果展示如图 6.75 所示。

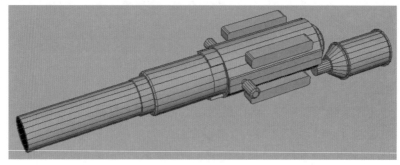

图　6.75

6.1.5 制作枪筒上部和下部中模

本节制作枪筒上下部位的中模，如图6.76所示。

图　6.76

步骤/01 创建立方体，并将四条长边执行【倒角边】，【偏移】值调整为0.2，【分数】值调整为0.3。选择如图6.77（c）所示的最靠近枪口的面，使用【挤出面】命令，生成缩小的面，再次使用【挤出面】命令，沿Z轴方向挤出，【局部平移Z】值调整为0.065，如图6.77（d）所示。

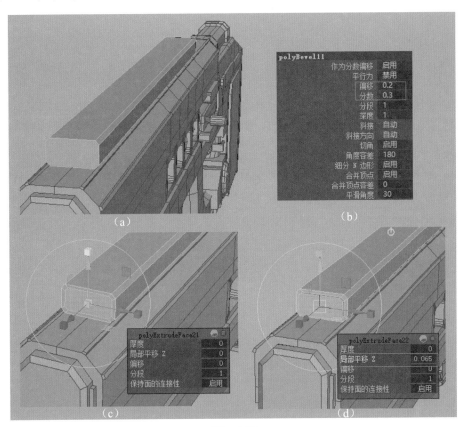

图　6.77

步骤/02 在步骤01中的模型上方创建立方体，选择模型上的一条长边，按住Ctrl键与鼠标右键，选择【环形边工具】>【到环形边并分割】工具，添加一条中线。双击选中新添加的中线，按住Shift键与鼠标右键，选择【倒角边】工具，【分数】值调整为0.88，【分段】值调整为41。按照如图6.78（d）所示的样子，选择顶面上相间隔的面，做【挤出面】操作，【局部平移Z】值调整为0.1。如图6.78（e）所示，选择挤出的新面的边线，做【倒角边】操作。

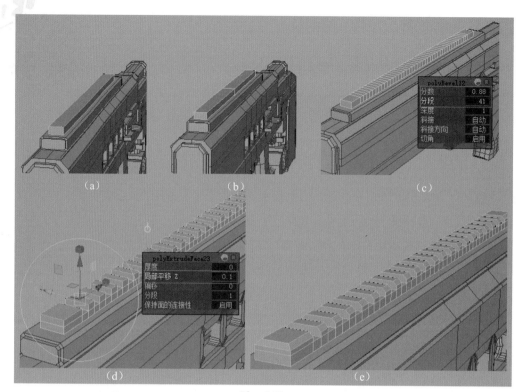

图　　6.78

步骤/03 创建圆柱体，调整圆柱体大小，删除一半面，选择截面线，按住 Shift 键与鼠标右键，选择【填充洞】工具，补齐空缺的面。如图 6.79（c）所示，选择面做【挤出面】操作，长度超出步骤 02 中创建的长模型即可。调整位置，使两个模型横向居中对齐，向下与倒角边的下边线对齐。复制新建模型至长模型的另一端，并以对称的方式放置好位置，将两个模型做【结合】操作。先选择长模型，再选择刚刚结合的模型，执行【网格】>【布尔】>【差集】命令，做出凹槽。再依照图 6.79（f）整理线，为凹槽位置的面加线，修改为四边面。

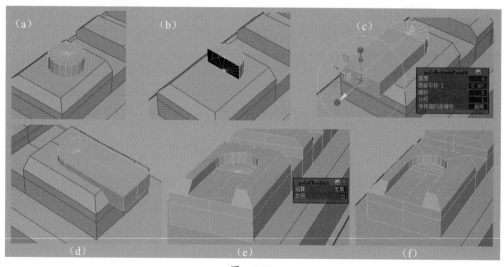

图　　6.79

步骤/04 选择模型底面，删除，如图 6.80 所示。

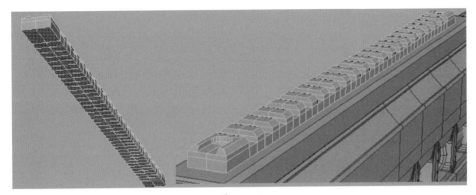

图　6.80

步骤/05 创建圆柱体，选择一半模型，执行【编辑网格】>【提取】命令，将模型分成相同的两部分。

　　如图 6.81（c）和（d）所示，将两部分模型执行【结合】命令，再执行【网格工具】>【附加到多边形工具】命令，分别单击相对应的边，将模型连接起来。

　　如图 6.81（e）和（f）所示，选择模型的侧面，使用【挤出面】工具，向外挤出，生成一圈窄面。然后同时选择两边的半圆面，使用【挤出面】工具制作出两边的半圆形凸起。

　　删除背面看不见的夹面。然后单击【工具架】上的【冻结并重置】和【特殊复制】命令，镜像复制同样的模型至另一侧。

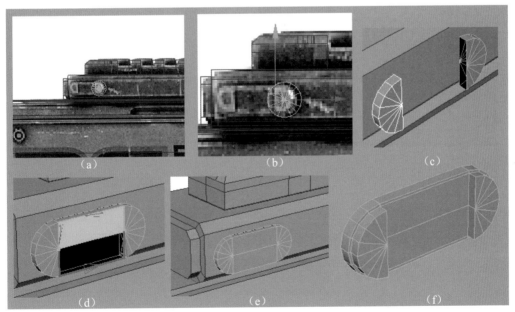

图　6.81

步骤/06 使用与本节步骤 02 相同的方法，制作枪筒下面的模型，参数设置和模型效果如图 6.82 所示。

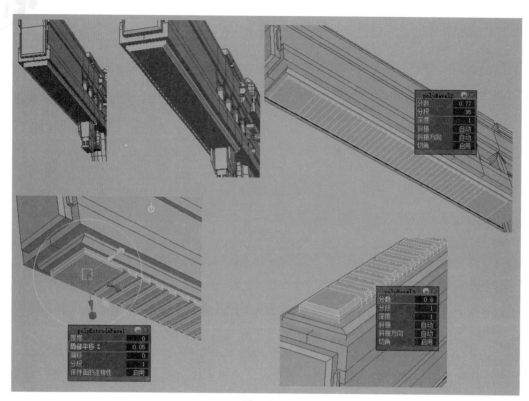

图 6.82

步骤/07 使用与本节步骤 03 相同的方法，继续制作模型，使用【布尔】运算，做出两边的凹槽。然后整理线型，模型效果如图 6.83 所示。

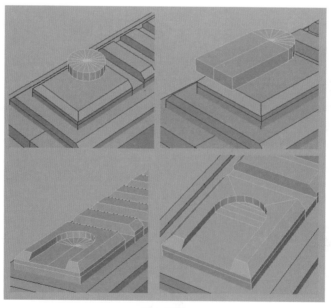

图 6.83

步骤/08 使用与本节步骤 02 和步骤 03 相同的方法，制作枪筒侧面的模型，参数设置和模型效果如图 6.84 所示。完成之后镜像复制一份至模型另一侧。

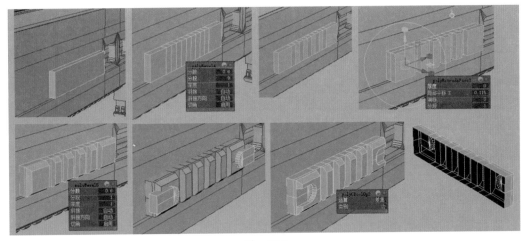

图 6.84

步骤/09 创建立方体，依照图 6.85（b），在横向添加一条环线，选择生成的右下方的面，做【挤出面】操作，【局部平移 Z】值调整为 0.49。如图 6.85（c）所示，选择 Z 轴向的一条边线，按住 Ctrl 键与鼠标右键，选择【环形边工具】>【到环形边并分割】工具，添加中线，然后对添加的中线执行【倒角边】，【分数】值调整为 0.75。如图 6.85（e）所示，为模型顶面一侧的边线做【倒角边】操作，【分数】值调整为 0.4，【分段】值调整为 3。整理模型上的线，通过加线，使模型侧面所有的面呈四边面。

该模型上方有凸起造型，如图 6.85（f）所示，在水平方向和垂直方向各添加一条环线，卡出要制作凸起面的区域。

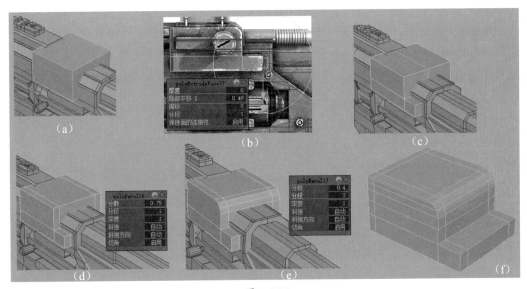

图 6.85

步骤/10 接步骤 09 中的模型，如图 6.86（a）所示，选择凸起区域的面，做【挤出面】操作，【局部平移 Z】值调整为 0.085。

如图 6.86（b）所示，为后面两侧的垂直长边做【倒角边】，【分数】值为 0.5，【分段】值为 1。

如图 6.86（c）所示，为前面两侧的两个垂直短边做【倒角边】，【分数】值为 0.5，【分段】值为 2。

如图 6.86（d）和（e）所示，为挤出的凸起面的转角处边做【倒角边】，【分段】值调整为 2。整理线，使线框为四边形。

再依照图 6.86（f），在合适的位置制作两个圆柱体，可以先制作一个，再通过【冻结并重置】和【特殊复制】命令，镜像复制出另一个。

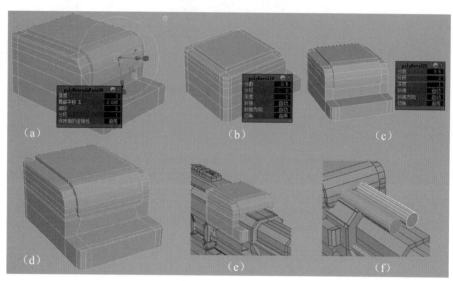

图　6.86

步骤/11 如图 6.87（a）所示，创建立方体，为其中一条边倒角，【分数】值调整为 0.4，【分段】值调整为 2。如图 6.87（b）～（e）所示，创建圆柱体，【轴向细分数】值调整为 16，【端面细分数】值调整为 0。选择圆柱体前端面，做多次的【挤出面】操作。使用【冻结并重置】和【特殊复制】命令镜像复制同样的模型至枪的另一侧。

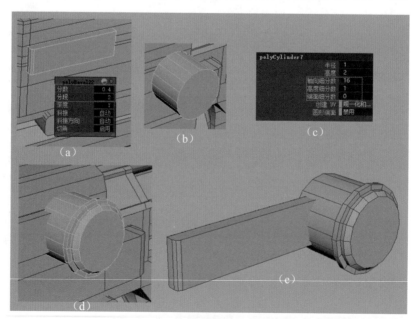

图　6.87

步骤/12 创建两个立方体，依照图6.88(a)调整至合适的大小，选择外侧的边线，做【倒角边】操作，【分数】值调整为0.4，删除与主模型之间的夹面。如图6.88（c）所示，创建一个圆柱体，设置【轴向细分数】值为7，放置在合适的位置。使用【冻结并重置】和【特殊复制】命令镜像复制同样的3个模型至枪的另一侧。

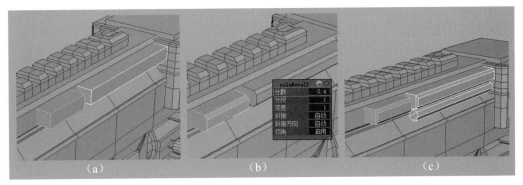

图 6.88

步骤/13 创建如图6.89（a）所示的两个立方体，为立方体上下边做【倒角边】操作，分别调整【分数】参数值为0.4和0.5，如图6.89（b）和（c）所示。再对小立方体的前端面重复做【挤出面】操作，做出如图6.89（d）所示的凸起造型。

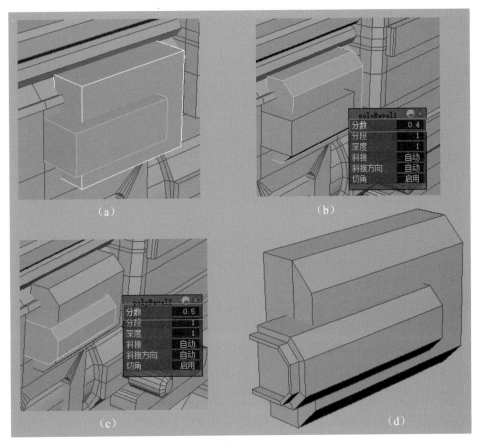

图 6.89

步骤/14 创建立方体并调整比例，选择一条边，按住 Ctrl 键与鼠标右键，选择【环形边工具】>【到环形边并分割】工具，添加中线，对刚添加的中线做【倒角边】操作，【分数】值调整为 0.8。选择新生成的两条环边，沿 Y 轴向上拖曳，再调整线的方向，得到如图 6.90 所示的效果。

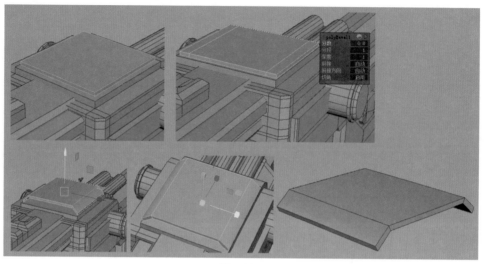

图　6.90

步骤/15 创建立方体。调整形状和大小，使用【挤出面】工具，做出如图 6.91（a）所示的形状。再选择如图 6.91（b）所示的小边线，做【倒角边】操作，镜像复制模型。

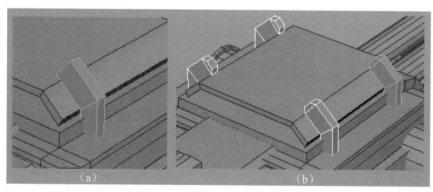

（a）　　　　　　　　　（b）

图　6.91

步骤/16 创建圆柱体。【轴向细分数】值设置为 12，【端面细分数】值设置为 0，使用【多切割】工具，连接端面的点。将如图 6.92（d）和（e）所示模型的上半部分删除。如图 6.92（f）所示，选择露出在外面的一个面，做【挤出面】操作，【局部平移 Z】值调整为 0.33。

步骤/17 创建立方体。使用【插入循环边】工具给模型加线，如图 6.93（d）所示，给两侧的面做【挤出面】操作，并设置合理的参数值。如图 6.93（f）所示，选择两侧下端的两条短边做【倒角边】操作，【分段】值调整为 2。

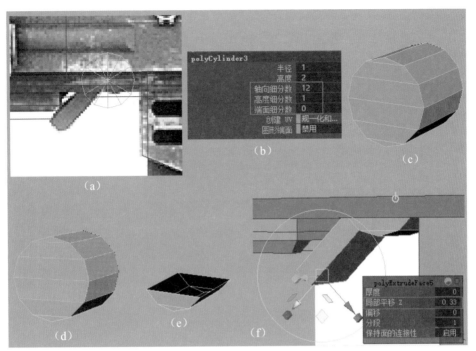

图　6.92

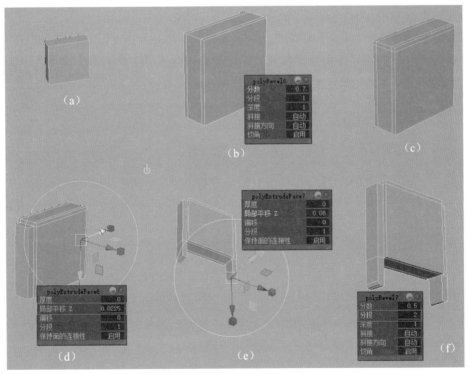

图　6.93

步骤/18 创建立方体，给下面的两条边做【倒角边】，【分数】值设置为0.3，【分段】值设置为2。如图6.94（c）所示，选择前后两个面，做【挤出面】操作，向内缩小。再次执行【挤出面】操作，向内挤出，尽量使前后两个挤出的面接近，然后按Delete

键删除挤出的面。框选挤出面边缘的所有点，使用【合并顶点】工具，设置【距离阈值】为 0.01，将点粘接起来。调整造型，得到如图 6.94（f）所示的模型。

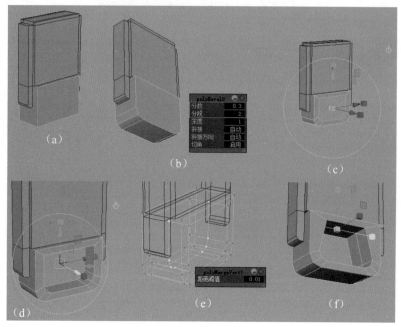

图 6.94

步骤 19 创建圆柱体，【轴向细分数】值设置为 11，选择如图 6.95（c）所示的两个面，执行【挤出面】命令，沿 X 轴方向收缩。然后再次向下做【挤出面】操作，单击并拖动 Y 轴方向的小方块，将面压平。模型最终效果如图 6.95（e）所示。

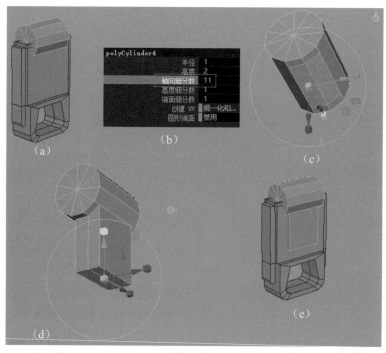

图 6.95

步骤/20 复制步骤 17～步骤 19 创建的模型，进行放置，并做镜像复制，使枪的两侧共有 4 组该模型。

至此，完成了中模的创建，单击【文件】>【保存场景】命令，将文件保存为 Gun_v01_mid.mb。

6.2 制作高模

高模是指模型的面数多，细节多，制作高模不限制面数。高模制作规则如下。

（1）锁三边和软化边。制作完成的高模，要通过烘焙操作，将高模上的细节烘焙到面数少的低模上。锁三边就是在高模上面每个边缘的两侧分别添加一条线，保证每个棱角边有三条线。锁边要注意宽窄，如果后期绘制的贴图小，锁边要锁的宽一点，如果绘制的贴图大，锁边可以锁的窄一点。软化边是控制模型的顶点法线，渲染多边形时显示柔化的外观，把完成的高模上的所有边做软化边操作。

（2）钉子和飘片。在一个完整的大模型上制作出小钉子、孔洞、凹槽等造型，需要修改大模型的布线，操作较为复杂，这样的模型一般通过制作独立于大模型的飘片来实现。制作飘片要注意面片要与它临近面的角度完全一致。飘片的外边缘要有适当的延伸，用做对飘片的遮挡，防止多角度查看出现穿帮。飘片的底面要露在外面，不能穿插进临近模型中。赋予所有的模型布林材质，在视觉上可以看出飘片与主模型融为一个整体。

（3）侧面做成倾斜面。后续步骤中，烘焙贴图的原理是光线垂直于模型表面产生投射效果，为了得到更明显的烘焙贴图效果，高模上制作的细节模型，如钉子或者飘片，其侧面不要做成完全垂直的面，要有一定的倾斜角度。如果侧面是垂直面，经过垂直投射，在烘焙的贴图上看起来就是一条线，而将侧面做成倾斜面之后，在烘焙贴图上有宽度，看起来才会产生更强烈的立体感。

总的来说，高模阶段需要做的工作是删除看不见的夹面，给模型的边缘锁三边，制作出钉子和飘片。

高模制作之前的准备工作，首先打开 Maya 文件 Gun_v01_mid.mb，其路径为 D:\Gun\Gun_Project\scenes\Gun_v01_mid.mb，单击【文件】>【场景另存为】命令，将文件名改为 Gun_v02_hig。

（1）打开通道盒，框选整个模型，单击通道盒中【显示】面板中的第 4 个图标【创建新层并指定选定对象】，将模型放置在一个层中，重命名层名为 mid，代表中模层。

（2）再次框选整个模型，按 Ctrl+D 快捷键复制模型，再次单击【创建新层并指定选定对象】图标，将新的层名重命名为 hig，代表高模层。单击 mid 层前面的 V，关闭中模层的显示，只显示高模层，如图 6.96 所示。

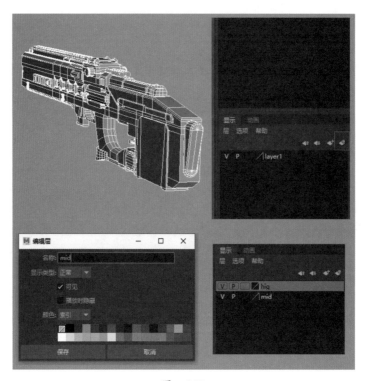

图　6.96

6.2.1　制作枪筒高模

步骤/01▶ 由于【插入循环边工具】所能通过的面必须是四边面，因此需要整理枪筒模型的线，通过添加线，把模型上的面尽可能设置为四边面，为给模型的边进行【锁三边】操作做好准备，这也是制作中模时要求尽量把模型面做成四边面的目的。整理后的效果如图 6.97（b）和（c）所示，由于模型左右对称，为了方便后续操作，删除如图 6.97（d）所示的一半模型。

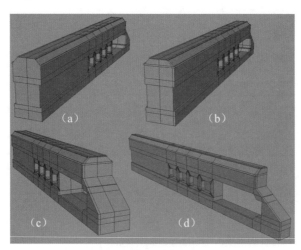

图　6.97

步骤/02 通过【挤出面】的方式，给4个孔周围的模型边锁边。如图6.98（a）所示，选择4个孔周围的面，做整体的【挤出面】操作，然后整理挤出的四周的边，使其在一条水平或者垂直线上。如图6.98（b）和（c）所示，挤出孔内的面，为孔内的边锁边。整理周围的线，结果如图6.99所示。

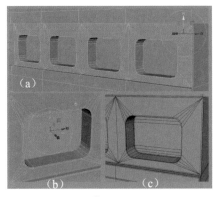

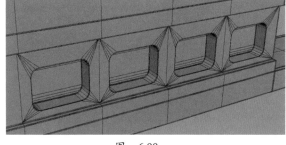

图 6.98 　　　　　　　　　　　　　图 6.99

步骤/03 为所有棱角边加线锁定边，使面的边缘都有三条边通过，详细效果如图6.100所示。

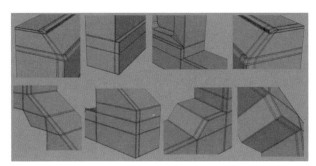

图 6.100

步骤/04 锁边完成后，单击【工具架】上的【冻结并重置】和【特殊复制】命令，镜像复制模型。将两半模型【结合】，切换为右视图，框选中线位置的所有点，使用【合并顶点】工具将重合的点进行合并，如图6.101所示。

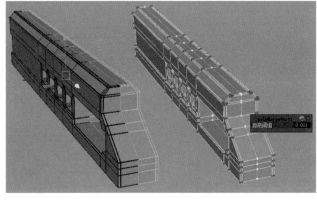

图 6.101

步骤/05 制作枪口。先把所有面处理成四边面，依次为棱角边加线锁定边。如图6.102（c）所示，选择中间的线调整好位置，并做【倒角边】操作，【分数】值调整为0.02。如图6.102（d）所示，选择生成的面，向内做【挤出面】操作，根据模型比例确定挤出值的大小，并沿Y轴方向缩小新挤出的面，使新挤出的侧面略微倾斜，并为新面的边缘依次加线锁定边。如图6.102（e）所示，为两侧的4个立方体模型加线锁边。

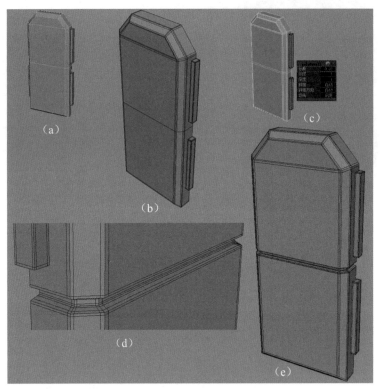

图　6.102

步骤/06 创建圆柱体。删除一半，再压扁模型，将两个端面旋转一定的角度，并对模型锁边，依照参考图放置在枪筒侧下方的位置。依次单击【工具架】上的【冻结并重置】和【特殊复制】命令，镜像复制模型至另一侧，如图6.103所示。

图　6.103

步骤/07 创建圆柱体。【端面细分数】值设置为3，复制圆柱体模型，按Ctrl+H快捷键，将复制的模型隐藏起来备用。将第一个圆柱模型的侧面和底面删除，按照如图6.104（d）所示的样子，保留4个小面，执行【显示】>【显示】>【显示上次隐藏的项目】命令，将刚才隐藏的模型显示出来。如图6.104（f）所示，在前视图中，对照圆柱体的边调整点的位置，对调整好的面片做【挤出面】操作。如图6.104（g）所示，将圆柱体缩小，并对端面重复做【挤出面】操作，再调整整体的比例，并将所有的侧面做出倾斜角度，得到如图 6.104（i）所示的模型。把模型所有的边缘锁边。对照枪案例的参考图，复制模型至其他位置。

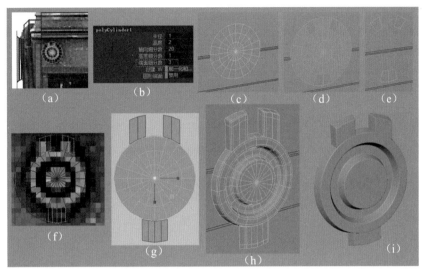

图　　6.104

步骤/08 将本节的所有模型执行【软化边】命令。分别选择本节中处理好的模型，执行【网格显示】>【软化边】命令，将模型软化边。至此，制作完成枪筒高模，按 Ctrl+S 快捷键，保存文件。

6.2.2　制作弹匣高模

步骤/01 整理模型，通过加线，把所有的面都调整为四边面，删除夹面。为模型面的边缘加线锁定边，如图 6.105 所示。

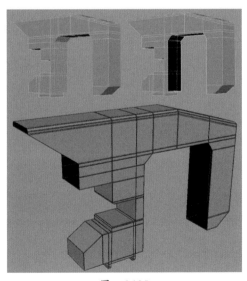

图　　6.105

步骤/02 为弹匣中间模型加线锁边，如图 6.106 所示。

步骤/03 处理弹匣底部的模型，连接侧面上的点，然后分别给边加线锁边，如图 6.107 所示。

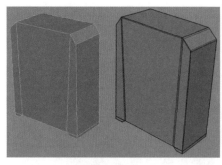

图 6.106

图 6.107

步骤/04 制作如图 6.108（g）所示的模型。如图 6.108（b）所示，在水平方向为弧形面加两条线并调整位置，做向内的【挤出面】操作，形成一个内凹面，将形成的侧面略微变倾斜，并为每条边加线锁定边。

如图 6.108（d）和（e）所示，为横长条模型加线，使用【挤出面】工具，在前面制作出大小适中的凹陷的造型，并为每条边加线锁定三边。创建一个圆柱体，通过多次执行【挤出面】命令，制作凸起的螺丝钉，放置在如图 6.108（e）所示的位置处，并使用【工具架】上的【冻结并重置】和【特殊复制】命令，沿模型中线镜像复制出另一个螺丝钉。

如图 6.108（f）所示，选择从圆柱体挤出的小圆柱体的侧面，使用【复制面】命令，复制圆柱侧面，将复制出来的面，做【挤出面】操作，禁用【保持面的连续性】选项，挤出并缩小面，为所有棱角边加线锁定边。

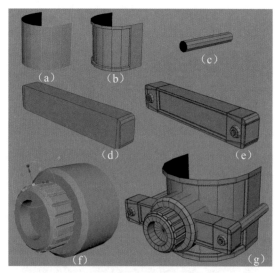

图 6.108

步骤/05 处理弹匣后部模型。先改变模型上线的走向，为每个棱角边加线锁定边，如图 6.109 所示。

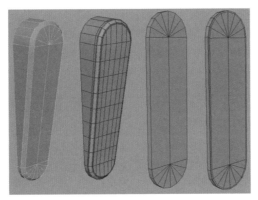

图　　6.109

步骤/06 处理侧面模型。为模型棱角边加线锁定边即可。可以先删除一侧模型，只操作其中一个，锁边之后再沿模型中线镜像复制至另一侧，如图 6.110 所示。

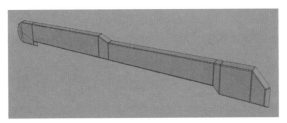

图　　6.110

步骤/07 删除模型上看不见的夹面，调整面的边数。为每条棱角边加线锁定边，如图 6.111 所示。

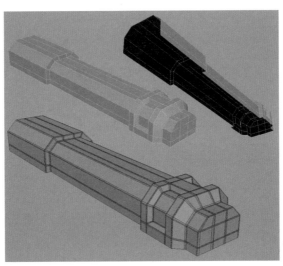

图　　6.111

步骤/08 在右侧【显示】面板中，打开中模层，复制中模上如图 6.112（a）所示的面，做【挤出面】操作，调整面的大小，删除夹面，并在棱角边处加线锁定边，得到如图 6.112（c）所示的模型，在【显示】面板的 hig 层右击，选择【添加选定对象】命令，将新生成的模型添加至高模层。

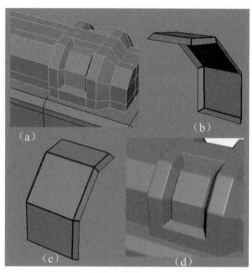

图 6.112

步骤/09 创建圆柱体。删除底面，缩小顶面，将顶面边缘做【倒角边】操作，将所有棱角边锁边，旋转合适的角度，放置在如图6.113所示的位置处。使用【工具架】上的【冻结并重置】和【特殊复制】命令，将模型沿模型中线镜像复制至另一侧。

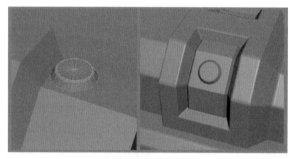

图 6.113

步骤/10 处理侧面模型，为棱角边加线锁定边即可，如图6.114所示。同样只制作一侧模型，再沿模型中线镜像复制至另一侧。

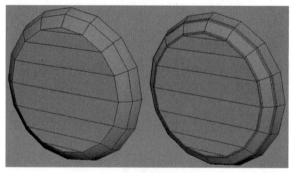

图 6.114

步骤/11 添加弹匣侧面模型。创建圆柱体，调整大小，沿对称角度选择一半面，使用【提取面】工具，将圆柱一分为二，调整好半圆柱的位置，删除靠里边的、看不见的端面，将模型执行【结合】命令，并使用【附加多边形工具】命令，将两部分的对应边连接起来，调整比例并加线锁定边。全选模型的底边略微放大，使侧面倾斜。依照枪案例的参考图向下复制一个模型，再通过单击【工具架】上的【冻结并重置】和【特殊复制】命令，将一侧的两个模型镜像复制至枪的另一侧，如图 6.115 所示。

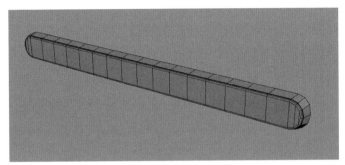

图　6.115

步骤/12 使用与本节步骤 09 中相同的方法（或者复制步骤 09 中制作的钉子模型），创建如图 6.116 所示的模型。复制模型，放置在弹匣前面偏下的位置，并向模型另一侧镜像复制模型。

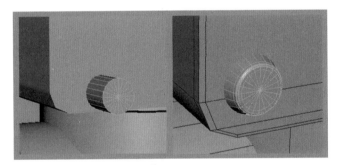

图　6.116

步骤/13 如图 6.117（a）所示，创建立方体，调整比例，选择底面进行适当放大，使侧面有一定的倾斜角度。选择垂直的四条短边，做【倒角边】操作，【分数】值设置为 0.5，【分段】值调整为 3，如图 6.117（b）所示。

如图 6.117（c）所示，选择短边，按住 Ctrl 键和鼠标右键，快速画小于号形状的轨迹，会在长边方向添加一条中线，对中线做【倒角边】操作，【分数】值设置为 0.9。

同样地，在短边方向添加一条中线，对中线做【倒角边】操作，【分数】值设置为 0.7，【分段】值调整为 3。

删除如图 6.117（d）所示的面，选择删除面处的所有边，做【挤出边】操作，挤出厚度与模型相同。如图 6.117（g）所示，使用【目标焊接工具】把开放的点做焊接。调整新挤出的边，使生成的面有一定的倾斜角度。

如图 6.117（h）所示，为模型顶面的边做【倒角边】操作，为棱角边加线锁定边。

此模型有倾斜角度，在通道盒中设置【旋转 Z】值为 -14.7°（此数值不固定，根据自己的模型确定旋转角度）。

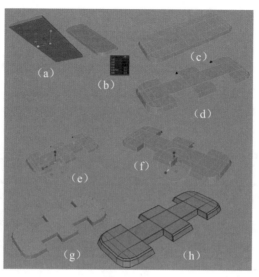

图 6.117

步骤/14 将本节的所有模型执行【软化边】命令。分别选择本节中处理好的模型，执行【网格显示】>【软化边】命令，将模型软化边。至此，完成弹匣的高模。

6.2.3 制作扳机护弓高模

步骤/01 删除扳机护弓底部看不见的夹面。制作一条凹槽，选择模型前端的中线做【倒角边】操作，【分数】值调整为 0.3，生成两条边，选择新生成的面向内整体做【挤出面】操作，形成一个凹槽。为棱角边加线锁定边，如图 6.118 所示。

　　为中线做【倒角边】操作之后模型发生了略微的形变，此时打开 mid 中模层，将扳机护弓中模前端面的中线做同样的【倒角边】操作，【分数】值设置为 0.3。

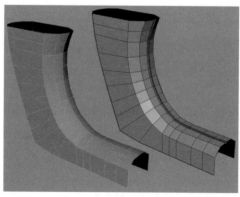

图 6.118

步骤/02 选择扳机护弓上如图 6.119（a）所示的面，执行【复制面】命令。如图 6.119（b）所示，切换至前视图，在合适位置加线并做【挤出边】操作，调整顶点位置。如图 6.119（c）所示，将调整好的面片做【挤出面】操作。根据图 6.119（d）和（e），调整模型上线的走向，为模型加线锁边，并在中间加线，调整点的位置，使其表面更加平顺光滑。

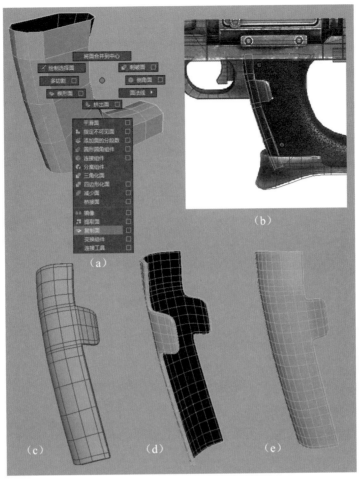

图　6.119

步骤/03 删除看不见的夹面，为棱角边加线锁定边，如图 6.120 所示。

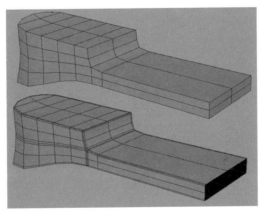

图　6.120

步骤/04 为棱角边加线锁定边，如图 6.121（b）所示的右下角边的处理方式，为了不引起模型内外面的相互影响，在模型侧面的中间位置加了一条线，将右下角加的线在侧面中线处打断，这样既完成了锁边，也不影响整体造型。

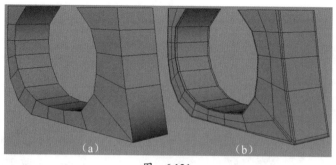

图　6.121

步骤/05 处理扳机模型，为棱角边加线锁边，如图 6.122 所示。

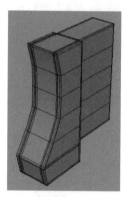

图　6.122

步骤/06 处理扳机前侧模型，为所有棱角边加线锁定边，如图 6.123 所示。

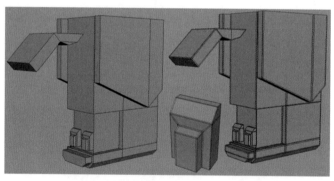

图　6.123

步骤/07 将本节的所有模型执行【软化边】命令。分别选择本节中处理好的模型，执行【网格显示】>【软化边】命令，将模型软化边。至此，完成扳机护弓部件的高模。

6.2.4 制作枪膛高模

步骤/01 为了便于操作，执行【提取面】命令，将模型沿如图 6.124 （a）所示的位置分为两部分，在所有棱角处加线锁定边，效果如图 6.124 （b）～（d）所示。

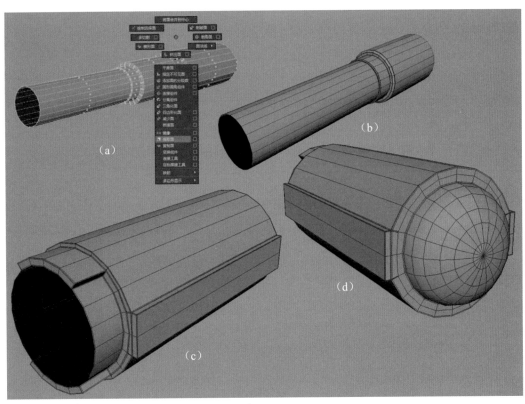

图 6.124

步骤/02 为棱角边加线锁定边，如图 6.125 所示。

步骤/03 如图 6.126 所示，删除模型上内侧看不到的夹面。添加线使面都呈四边形，选择长条模型的端面，做【挤出面】操作，使端面整体缩小，再在侧面靠近边缘的位置加一条线，完成棱角边的锁三边。圆柱形模型需要对端面做细节，执行【挤出面】命令，向内挤出凹陷，完成后同样为所有棱角边加线锁定边。

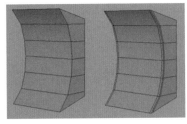

图 6.125

图 6.126

步骤/04 删除如图 6.127（a）所示模型上半部分的面，因为这部分被隐藏在弹匣模型里面看不见。为所有的棱角边加线锁定边。

步骤/05 枪膛部分的高模，完成前后的效果如图 6.128 所示。

步骤/06 将本节的所有模型执行【软化边】命令。分别选择本节中处理好的模型，执行【网格显示】>【软化边】命令，将模型软化边。至此，完成枪膛的高模。

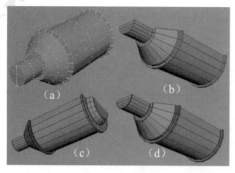

（a） （b）

（c） （d）

图 6.127

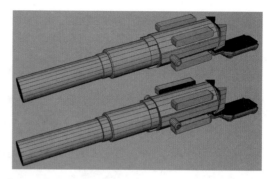

图 6.128

6.2.5 制作枪筒上部和下部高模

步骤/01 删除看不见的面，加线使模型上的每个面都呈四边形，然后为每个棱角边加线锁边，如图 6.129 所示。

图 6.129

步骤/02 选择两个半圆面，执行【挤出面】命令，缩小面，锁定一个边缘，再通过【插入循环边工具】为所有棱角边加线锁边，如图 6.130 所示。

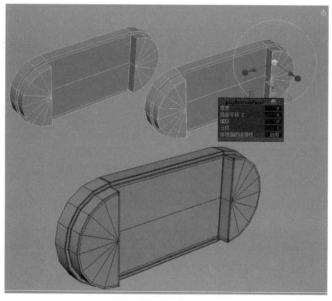

图 6.130

步骤/03 处理枪筒下面的模型，删除看不见的面，加线使模型上的每面都呈四边形，然后为每个棱角边加线锁边，如图6.131所示。

步骤/04 处理如图6.132所示的枪筒上下左右的模型，这几个模型相似，制作方法相同。首先处理模型线框，如图6.132（a）所示，改变凹槽部位线的走向，删除一半模型，在侧面添加对应的线，并使用缩放工具压平，使线处在同一个平面上，然后使用【多切割】工具把侧面的线与凹槽部位的线进行连接。为每个棱角边加线锁边，然后执行【特殊复制】命令镜像复制另一半模型，再使用【合并】工具合并两半模型，使用【合并顶点】工具合并中线的重合点，如图6.132和图6.133所示。

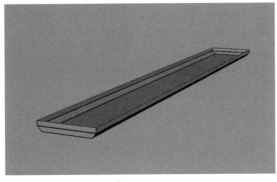

图 6.131

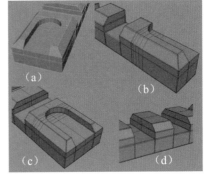

图 6.132

步骤/05 按照模型上线的走势，添加线使模型上的每面都呈四边面，然后为棱角边加线锁边，如图6.134所示。

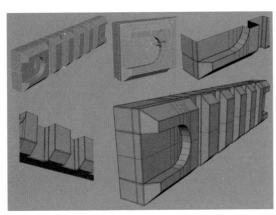

图 6.133

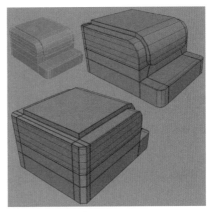

图 6.134

步骤/06 在圆柱体模型上做出螺纹。首先选择圆柱体侧面上的任意一条边，按住Ctrl键和鼠标右键画小于号轨迹，在截面方向添加一条线。给添加的线，执行【倒角边】命令，将【分段】值调整为23，并调整线的距离和位置。然后间隔选择如图6.135（a）所示的环形面，做【挤出面】操作向内挤出，【局部平移Z】值调整为-0.02，再沿X轴方向缩小面，使挤出的面有倾斜角度。如图6.135（d）所示，为圆柱体的端面做【挤出面】操作，做出凹槽，并加线锁边。如图6.135（e）和（f）所示，通过添加中割线和【倒角边】的操作，为螺纹所有的棱角边加线锁边。

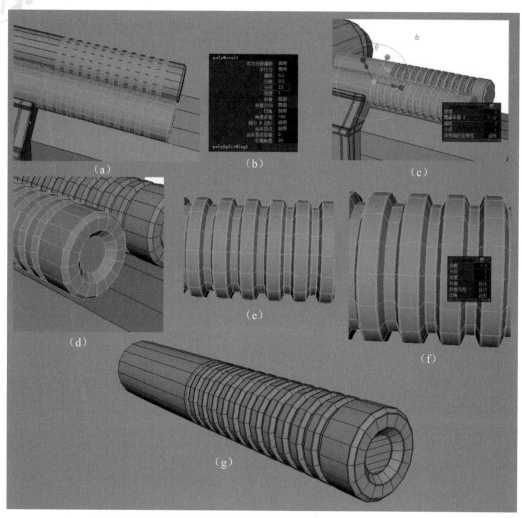

图　6.135

步骤 07 为如图 6.136 所示的模型棱角边加线锁边。

步骤 08 删除看不见的夹面，为如图 6.137 所示的模型上所有的棱角边加线锁边。

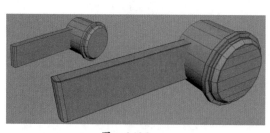

图　6.136

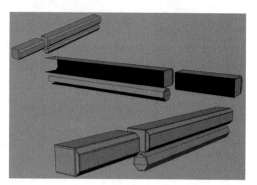

图　6.137

步骤 09 为如图 6.138 所示的模型的所有棱角边加线锁边。

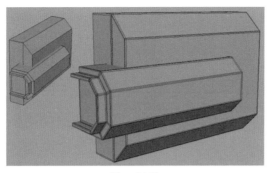

图 6.138

步骤/10 如图 6.139（a）~（c）所示，删除看不见的夹面，能锁边的完成锁边。然后创建一个立方体，按照图 6.139（d）~（g）在两侧加线，将两侧的面做【挤出面】操作，为边缘锁边，然后放置在合适的位置，再复制另外 3 个模型至合适的位置。

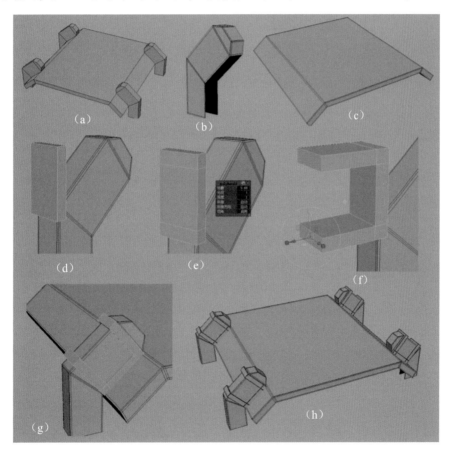

图 6.139

步骤/11 首先删除图 6.140（a）中最顶端模型上看不见的夹面，删除后的样子如图 6.140（c）和（d）所示，然后为模型所有棱角边做锁边。

步骤/12 将本节的所有模型执行【软化边】命令。分别选择本节中处理好的模型，执行【网格显示】>【软化边】命令，将模型软化边。至此，制作完成枪筒周边物体的高模。

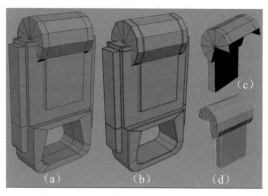

图　6.140

6.2.6　制作飘片

步骤/01　如图 6.141（a）和（b）所示，制作螺丝钉，创建圆柱体，删除底面，缩小顶面，以使侧面倾斜。对顶面的边做【倒角边】操作，【分数】值调整为 0.15，并为棱角边锁三边。

　　如图 6.141（c）和（d）所示，制作螺丝钉上方五边形的凹槽，创建圆柱体，【轴向细分数】设置为 5，【端面细分数】设置为 2，删除下部分模型，只留顶面，使用【插入循环边工具】在顶面合适位置添加一条环线，选择中间的面沿 Y 轴向下做【挤出面】操作，并将挤出的面适当缩小。然后为所有棱角边加线锁边。赋予所有模型布林材质，按键盘上的"3"键圆滑显示模型，效果如图 6.141（e）所示。

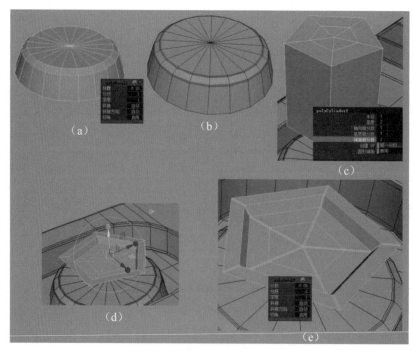

图　6.141

将飘片和下面的螺丝钉执行【结合】命令，复制该模型到其他需要的位置，如图6.142所示。

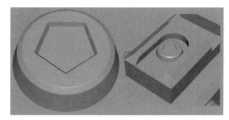

图　6.142

步骤/02 创建圆柱体，删除侧面和一个端面，只留顶面，执行【挤出面】命令，进行多次挤出，并为所有棱角边锁边，创建出如图6.143(b)所示的枪口模型，按键盘上的"3"键圆滑显示模型。如图6.143(c)和(d)所示，创建立方体，删除部分面，只留一个面，使用【挤出面】命令完成多次挤出，并锁边，按键盘上的"3"键圆滑显示模型。

步骤/03 创建圆柱体，删除部分面，只留顶面，执行【挤出面】命令，进行多次挤出操作，并为所有棱角边锁边，创建出如图6.144(b)所示的模型，再按键盘上的"3"键圆滑显示模型，最后放置在合理的位置上。

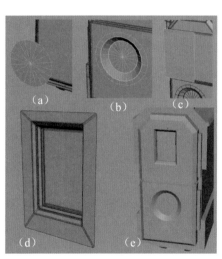

图　6.143

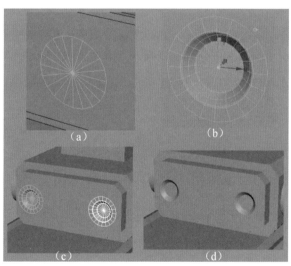

图　6.144

步骤/04 创建四边形面片，执行【挤出面】命令做出凹槽，为所有棱角边锁边，按键盘上的"3"键圆滑显示模型。项目中有3个位置的造型跟这个飘片类似，只需复制模型，调整比例将飘片放置在各自的位置上。如图6.145～图6.147所示。

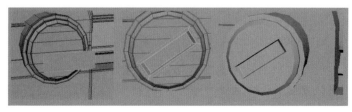

图　6.145

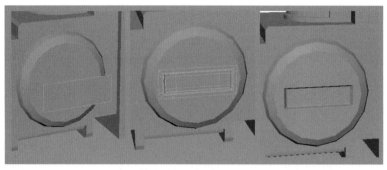

图 6.146

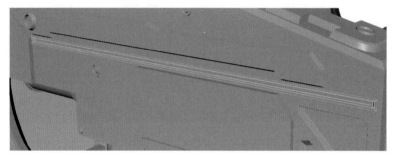

图 6.147

步骤/05 使用与步骤 03 类似的方法，制作如图 6.148（c）所示的模型，再复制该模型，并放置在枪膛模型周围合适的位置处。

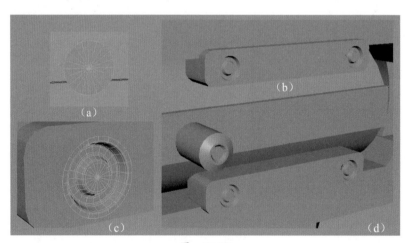

图 6.148

步骤/06 制作枪膛侧面的凹槽。如图 6.149（a）和（b）所示，创建一个圆柱体，调整大小，选择一半面，按住 Shift 键与鼠标右键，执行【提取面】命令，将圆柱体均分。如图 6.149（c）所示，使用【附件多边形工具】连接对应的边，将模型的后截面适当缩小。如图 6.149（d）和（e）所示，将模型的前截面删除。如图 6.150 所示，选择模型边界的边，执行【挤出边】命令，制作出外延，保证外延面处在 XZ 的坐标平面上。执行【网格显示】>【反向】命令，翻转模型法线方向。为所有棱角边加线锁边，按键盘上的"3"键圆滑显示模型，并放置在如图 6.151 所示合适的位置上。

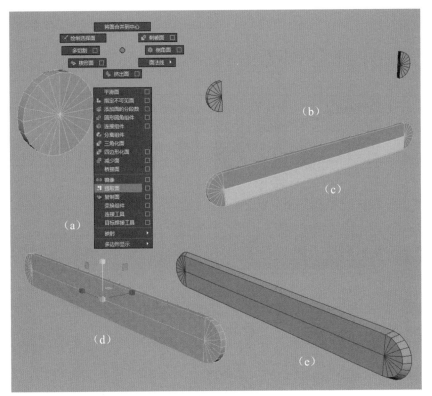

图 6.149

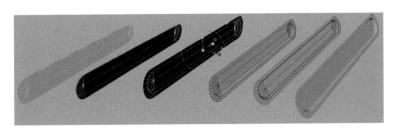

图 6.150

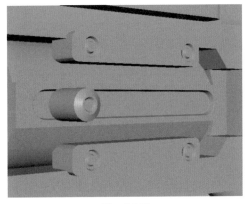

图 6.151

步骤/07 扳机前面模型上的凹槽与步骤06中的凹槽造型类似，复制该模型并调整比例，放置在合适的位置上，按键盘上的"3"键圆滑显示模型，效果如图6.152所示。

步骤/08 枪筒上方的凹槽与步骤 06 和步骤 07 中的凹槽造型类似，复制该模型并调整比例，放置在合适的位置，旋转模型使其与下方的枪筒模型的斜面角度相同，按键盘上的"3"键圆滑显示模型，如图 6.153 所示。

图　6.152　　　　　　　　图　6.153

步骤/09 使用与步骤 03 类似的方法，制作出如图 6.154（b）所示的模型，按键盘上的"3"键圆滑显示模型，放置在扳机护弓的侧面。

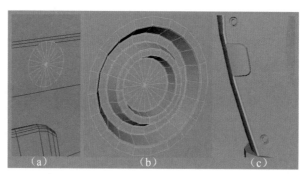

（a）　　　　　（b）　　　　　（c）

图　6.154

步骤/10 使用与步骤 03 类似的方法，制作出如图 6.155（c）所示的模型，按键盘上的"3"键圆滑显示模型，放置在弹匣上方侧面的合适位置。

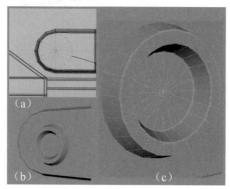

（a）

（b）　　　　　（c）

图　6.155

步骤/11 使用与步骤 03 类似的方法，制作出如图 6.156（c）所示的模型，按键盘上的"3"键圆滑显示模型，复制该模型，分别放置在弹匣后方的合适位置。

步骤/12 使用与步骤03类似的方法，制作出如图6.157（b）所示的模型，按键盘上的"3"键圆滑显示模型，复制该模型，分别放置在如图6.157（c）所示弹匣上方的合适位置。此处需要注意飘片模型要与它下面的模型角度一致，在通道盒中设置【旋转Z】的值为 -14.7°（该数值不一定相同，根据自己制作的模型确定）。

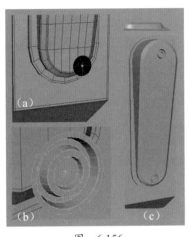

图　6.156

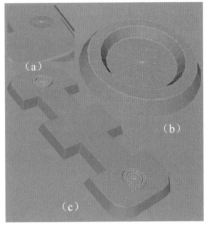

图　6.157

步骤/13 创建圆柱体，【轴向细分数】设置为6，在前视图中调整模型点的位置，得到如图6.158（a）所示的形状。创建立方体，使用【布尔】>【差集】工具，得到如图6.158（c）所示的凹槽，删除侧面和底面，为凹槽模型的所有棱角边加线锁边，保证每条棱角边有三条线经过。按键盘上的"3"键圆滑显示模型，并放置在合适的位置处，得到如图6.158（f）所示的效果。

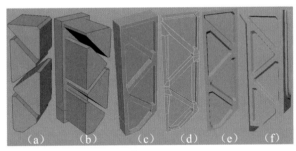

图　6.158

步骤/14 由于枪的左右两侧是对称的，配合执行工具架上的【冻结并重置】和【特殊复制】命令，将两侧都有的飘片模型进行镜像复制。

步骤/15 将本节的所有模型执行【软化边】命令。分别选择本节中处理好的模型，执行【网格显示】>【软化边】命令，将模型软化边。

步骤/16 展开如图6.159所示的【照明】菜单，将【双面照明】关闭，查看模型。如果有黑色显示的模型，表示模型法线方向是反的，则选中反向的模型，执行【网格显示】>【反向】命令，将法线方向反向显示。

图　6.159

步骤/17 关闭高模层的显示，会发现部分模型仍然显示，这是新制作的飘片和重新结合起来的模型，框选这些模型，在高模层上右击，执行【添加选定对象】命令。把所有的高模统一放置在 hig 层中。

至此，完成了高模的创建。再次检查所有的高模是否都做了【软化边】操作，如果没做，则进行【软化边】操作，保证高模上所有的边都被软化。执行【文件】>【保存场景】命令，将文件保存至 Gun_v02_hig.mb。

6.3　制作　低模

● ● ● ● ● ●

低模的制作规则如下。

（1）最大程度减少模型的面数，删除看不见的夹面。

（2）将模型上起不到支撑作用的点和线删除。

（3）模型上所有的面不能大于四边面，可以是三边面或者四边面。

低模制作之前的准备工作如下所示。

低模也是在中模的基础上制作的，首先需要复制中模。打开 Gun_v02_hig.mb 文件，打开通道盒，显示 mid 中模层，框选整个中模模型，按 Ctrl+D 快捷键复制模型，单击通道盒中【显示】面板中的第 4 个图标【创建新层并指定选定对象】，将模型放置在一个层中，重命名层名为 low，代表低模层。执行【文件】>【场景另存为】命令，将文件另存在 scenes 文件夹中，命名为 Gun_v03_low，如图 6.160 所示。

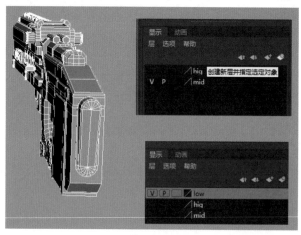

图　6.160

6.3.1 制作枪筒低模

步骤/01 将模型上起不到支撑作用的点和线删除，然后使用【多切割】工具连接点，把组成模型的每个小面处理成三边面或者四边面。在 4 个孔的中间位置分别添加一条不起支撑作用的线，为了避免产生狭长的窄面，如图 6.161 所示。

步骤/02 删除枪口模型看不见的夹面和对模型不起支撑作用的线，如图 6.162 所示。

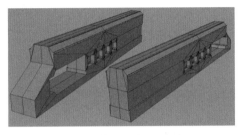

图　6.161　　　　　　　图　6.162

6.3.2 制作弹匣低模

步骤/01 删除模型上看不见的夹面和对模型不起支撑作用的线，使用【多切割】工具连接面上的点，使面都为三边面或者四边面，如图 6.163 所示。

步骤/02 参考步骤 01 中模型的厚度，为此模型添加如图 6.164（a）所示的线，再删除模型中看不见的面，得到如图 6.164（b）所示的样子。

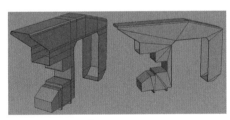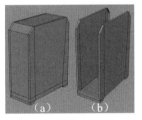

图　6.163　　　　　　　图　6.164

步骤/03 删除夹面，使用【多切割】工具连线，或者选择需要连接的点，按住 Shift 键与鼠标右键，执行【连接组件】命令进行连接，如图 6.165 所示。

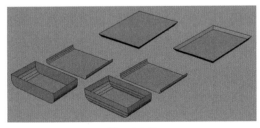

图　6.165

步骤/04 删除模型中看不见的面，以及圆柱体端面中间的点，并用【多切割】工具连接点，如图 6.166 所示。

步骤/05 处理如图 6.167 所示的 5 个模型，删除夹面，以及不起支撑作用的点和线，再使用【多切割】工具连接点。

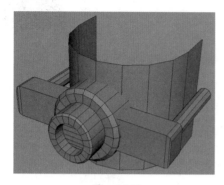

图　6.166

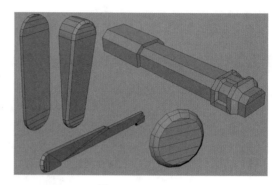

图　6.167

6.3.3 制作扳机护弓部件低模

步骤/01 删除模型中看不见的夹面，如图 6.168 所示。

步骤/02 删除夹面，以及不起支撑作用的点和线，如图 6.169 所示。

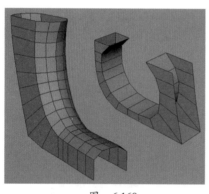

图　6.168

图　6.169

步骤/03 如图 6.170 和图 6.171 所示的两组模型，删除夹面，以及不起支撑作用的点和线，使用【多切割】工具连接点。

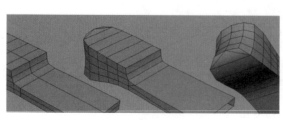

图　6.170

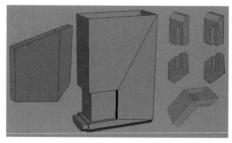

图　6.171

6.3.4 制作枪膛低模

步骤/01 删除夹面，以及不起支撑作用的点和线，使用【多切割】工具连接点，如图 6.172 所示。

步骤/02 删除夹面，使用【多切割】工具连接点，如图 6.173 所示。

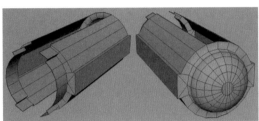

图　6.172

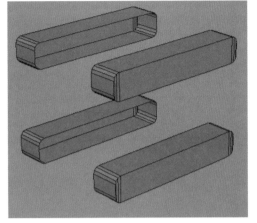

图　6.173

步骤/03 如图 6.174 所示，由于该模型体量较小，将模型靠近里面部分的边进行【合并】操作，尽量减少模型的面数。

步骤/04 删除模型中看不见的夹面，如图 6.175 所示。

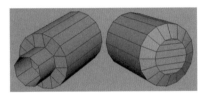

图　6.174

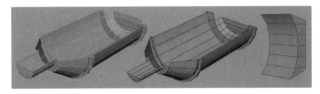

图　6.175

6.3.5 制作枪筒上部和下部低模

步骤/01 删除夹面，使用【多切割】工具连接点，如图 6.176 所示。

图　6.176

步骤/02 删除夹面，以及不起支撑作用的点和线，使用【多切割】工具连接点，如

图 6.177 所示。

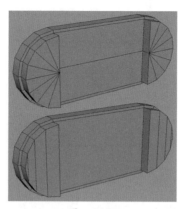

图　6.177

步骤/03 删除夹面，如图 6.178 和图 6.179 所示。

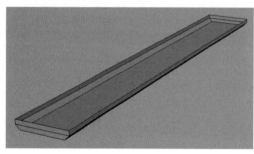

图　6.178

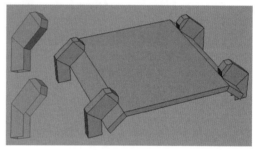

图　6.179

步骤/04 按照如图 6.180 所示的布线调整模型。为了避免产生细长的面，在模型的侧面添加了不起支撑作用的点，并把临近的线连接上去。同样类型的模型也按照该方法处理。

步骤/05 删除模型中不起支撑作用的点和线，使用【多切割】工具连接点，形成三边面或者四边面，如图 6.181 所示。

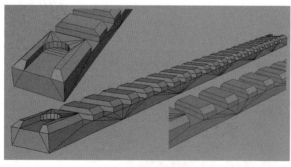

图　6.180

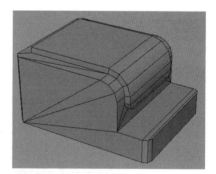

图　6.181

步骤/06 删除夹面，以及截面中间的点，使用【多切割】工具连接点。为圆柱添加一条截面线，用于分割两段不同的材质，便于后续绘制贴图，如图 6.182 所示。

步骤/07 删除夹面，使用【多切割】工具连接点，如图 6.183 ～图 6.185 所示。

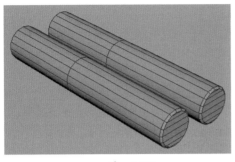

图 6.182

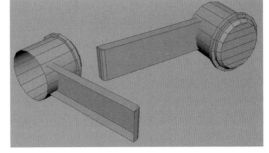

图 6.183

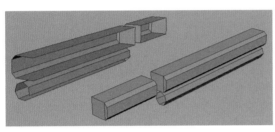

图 6.184

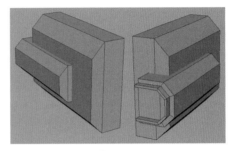

图 6.185

步骤/08 删除看不见的夹面，以及不起支撑作用的点和线，使用【多切割】工具连接点，如图 6.186 所示。

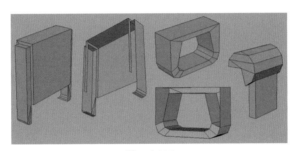

图 6.186

至此，完成所有低模的制作，执行【文件】>【保存场景】命令，将所做的操作保存在 Gun_03_low.mb 文件中。

完成低模之后，打开【属性编辑器】，单击最后一个选项卡，找到低模的材质属性，将颜色设置为红色。同时打开低模和高模，然后转动视图，会看到灰色和红色闪动的效果，这说明低模和高模是严格对齐的，这是后续烘焙贴图的基础，如图 6.187 所示。

图 6.187

6.4 拆分 UV

打开 D：\Gun\Gun_Project\scenes\Gun_v03_low.mb 文件，单击【文件】>【场景另存为】命令，将文件保存至 scenes 文件夹中，命名为 Gun_v04_allUV。显示出文件中的低模层，本节要给低模拆分 UV。

6.4.1 拆分 UV 的重要原则及重要命令

1 为什么要拆分 UV

多边形模型创建完成后，UV 是混乱的，这样无法进行贴图的绘制。如图 6.188 所示是没有拆分 UV 的模型。

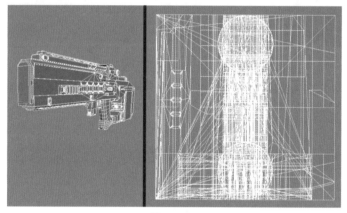

图　6.188

2 拆分 UV 应该把握的重要原则

（1）切口尽量少。

（2）把切口尽量放置在不明显的地方。

（3）90°夹角或小于 90°夹角的边尽量断开。

（4）能共用 UV 的地方尽量共用。

（5）能拉直的 UV 线尽量拉直。

（6）展开的 UV 尽量减少拉伸。

（7）展开 UV 之前，单击【冻结变换】将变换属性归"0"，否则展开的 UV 比例可能不对。

3 本实例中用到的重要命令

（1）【切割和缝合】>【剪切】命令，沿选定边分离 UV，从而创建边界。该命令的快捷键是 Shift+X。

（2）【创建】>【平面】命令，使用【创建】下面的选项，可以为选定网格创建新的 UV 映射。本实例使用最多的是【平面】映射，通过从某一个正方向（X 轴、Y 轴或 Z 轴）投影 UV 将其放置，对整个多边面或者切开的一部分面映射 UV。用鼠标左键单击【平面】按钮，则会使用当前设置进行投影；用鼠标中键单击【平面】按钮，则会使用 Y 轴进行投影；用鼠标右键单击【平面】按钮，则会使用 Z 轴进行投影，如图 6.189 所示。

图　6.189

（3）【展开】>【展开】命令，围绕切口展开选定的 UV 网格。

（4）【排布和布局】>【定向壳】命令，用于将展开的 UV 摆正，旋转选定 UV 壳，使其与最近相邻的 U 轴或 V 轴平行。

（5）【排布和布局】>【分布】命令，多个物体均匀排布，在所选方向上分布选定的 UV 壳。同时，确保 UV 壳之间相隔一定数量的单位。

（6）【对齐和捕捉】>【对齐】命令，对齐所有的选定 UV，使其在指定方向上共面。

（7）【变换】>【Texel 密度】命令，快速统一 UV 的分辨率，通过指定 UV 壳应该包含的 Texel 数（每单位像素数）快速设置 UV 壳的大小。第 1 步，设置【贴图大小】，因为它用于计算 Texel 密度的基值，本实例指定整个纹理的方形贴图大小为 4096。第 2 步，选择基准 UV，单击【获取】按钮，会在后面的框中显示选定 UV 壳的当前 Texel 密度。第 3 步，选择目标 UV，单击【集】按钮，缩放目标 UV 壳以适应第 2 步指定的 Texel 密度。

（8）【变换】>【翻转】命令，在指定水平方向或者垂直方向翻转选定 UV 的位置。

（9）【变换】>【旋转】命令，允许按设置的增量顺时针或逆时针旋转选定 UV。

例如，如图 6.190（a）所示的两个模型的棋盘格大小不一样，分辨率明显不同。以图 6.90（a）中下边方形模型为基准，通过【Texel 密度】快速统一 UV 的分辨率，得到如图 6.90（d）所示的大小相同的棋盘格，为分辨率做了统一。

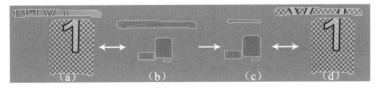

图　6.190

（10）【展开】>【拉直 UV】命令，拆分 UV 时，能拉直的 UV 线要拉直，通常是沿某一循环边拉直 UV，这样可以修复 UV 贴图上的扭曲。

4　对称模型的 UV 共用

通常，为了便捷和清楚，应保持 UV 壳的彼此分离，但这样做并非是绝对的。例如，本实例模型中有多个零部件是对称存在的，就可以将 UV 壳重叠，共用 UV，以便不同曲面可以使用同一个纹理，可以节约贴图面积。

在 UV 编辑器中，打开【着色】功能通过 UV 的颜色可以查看 UV 或 UV 壳是否重叠。激活后，所有选定 UV 壳以半透明方式进行着色。但是，比平时显得更加不透明的区域表示重叠的区域。淡蓝色显示的是正方向，淡红色显示的是反方向，更深一些的蓝色表示有多个正方向 UV 重叠，深一些的红色表示多个反方向 UV 重叠，紫色表示正反 UV 重叠，如图 6.191 所示。

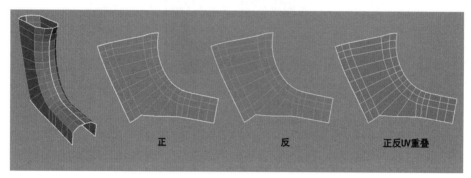

正　　　　　　反　　　　　正反UV重叠

图　　6.191

本实例中，枪模型的左右两侧有多个零件相同，枪筒模型本身也是左右对称的，这部分零件或模型可以共用 UV，将两个 UV 对齐重叠在一起。在具体操作中，可以先删除对称的模型，保留一个或一侧模型，只拆保留下来的这部分模型的 UV，拆完 UV之后使用【编辑】>【特殊复制】命令镜像复制出另一侧的模型，再单击工具架上的【冻结变换】命令，这样可以保证两个或多个相同模型的 UV 自动对齐并重叠在一起。

5　拆分 UV 的步骤

（1）单击【冻结变换】将变换属性归 0。

（2）如果两侧是对称模型，则删除一个，拆分留下模型的 UV，并通过 Texel 面板中的参数来统一 UV 的分辨率，然后将模型通过【特殊复制】做镜像复制，对复制后的模型再使用【冻结变换】命令。

（3）如果是单独的模型，则直接展开 UV，选择要展开 UV 的面，选择【UV 工具包】中命令，通过【平面】沿某一轴向映射，选择需要切开的线，执行【剪切】命令，再单击【展开】命令，然后再调整 UV 的分辨率，最后通过【定向壳】将 UV 摆正。

（4）将所有的 UV 在 UV 编辑器（0 ~ 1）的范围内摆放整齐。

6.4.2　拆分枪筒的 UV

先打开【通道盒】检查枪筒的变换属性值是否归 0，如果不是，则需要单击【冻结变换】命令。由于枪筒左右对称，可删除一半模型，但切口要尽量少、尽量隐蔽，90°角的位置必须被切开。

以枪口位置的面为例，如图 6.192（a）所示，选择整个面，打开操纵轴，发现 X 轴与此面垂直，使用鼠标左键单击【平面】按钮，沿 X 轴向映射模型。单击【展开】按钮，然后使用【定向壳】摆正展开的 UV。将【Texel 密度】的【贴图大小】设置为 4096，将基准值设置为 235，单击【集】将 UV 调整至合适大小。至此，完成了这个面的 UV 拆分。

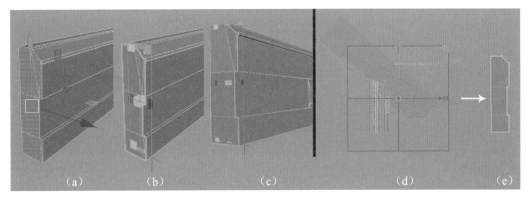

图　6.192

在【UV 编辑器】中，选中【纹理边界】，则 UV 的边界会加粗显示，在模型上可看到加粗的白边就是切口位置，按照如图 6.193 所示的切口，将其余面的 UV 分别拆分，操作方法与拆分枪口位置的面的操作步骤相同。

将一半枪筒模型所有的 UV 都拆分完成后，可把模型镜像复制，再【结合】模型，得到如图 6.194 所示的样子，紫色表示正反 UV 叠加在一起，再看透视图中的模型，一侧是淡蓝色，一侧是淡红色，分别代表了正反两面 UV 的颜色。将枪筒的 UV 作为一组摆放整齐，并放置在 UV 坐标系 0 ～ 1 的范围之外，以备后续整理使用。

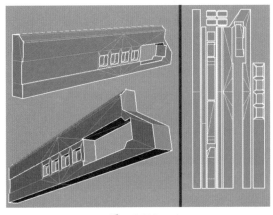

图　6.193　　　　　　　　　　图　6.194

按照上述操作方法，将图 6.195（a）和（b）中所示的切口，分别拆分 UV，效果如图 6.195 所示。

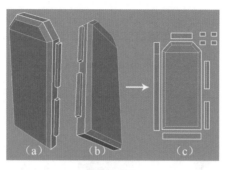

图　6.195

6.4.3 拆分弹匣的 UV

打开【通道盒】检查模型的变换属性值是否归0，如果不是，则需要单击【冻结变换】命令。如图 6.196 所示，左右两个面形状相同可以共用一个 UV，同时选中左右两组面，使用鼠标右键单击【平面】按钮沿 Z 轴映射，再单击【展开】>【Texel 密度】>【集】命令，调整 UV 的大小。其他位置按照 6.4.1 节中提到的原则展开 UV，注意将 90°夹角的边执行【剪切】命令，如图 6.197 和图 6.198 所示。

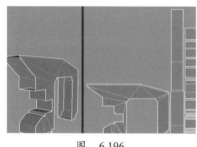

图　6.196

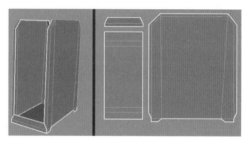

图　6.197

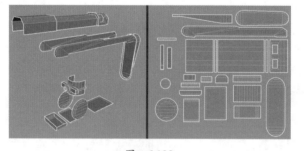

图　6.198

6.4.4 拆分扳机护弓的 UV

打开【通道盒】检查模型的变换属性值是否归0，如果不是，则需要单击【冻结变换】命令。删掉对称的模型，只保留一侧模型，以图 6.199（a）中白边为切口位置，参考枪筒部分的 UV 拆分方法，将扳机护弓模型的UV进行拆分。删掉的模型使用【特殊复制】

命令镜像复制出来，扳机护弓模型还需要再执行【结合】命令，并对中线上所有的点执行【合并顶点】命令。将其他对称模型镜像复制之后，要再次单击【冻结变换】命令，得到如图 6.199（b）所示的效果。

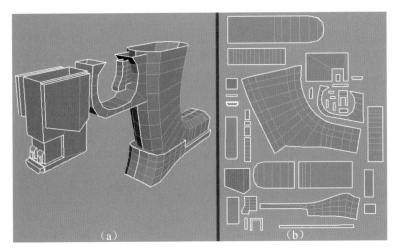

图　　6.199

6.4.5 拆分枪膛的 UV

打开【通道盒】检查模型的变换属性值是否归 0，如果不是，则需要单击【冻结变换】命令。删掉对称部分的模型，然后以图 6.200（a）中白边为切口位置，参考枪筒部分的 UV 拆分方法，将枪膛模型的 UV 进行拆分。最后把删掉的模型再使用【特殊复制】命令镜像复制出来，并单击【冻结变换】命令，效果如图 6.200 所示。

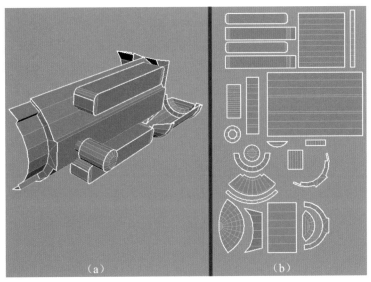

图　　6.200

6.4.6 拆分枪筒上部和下部部件的 UV

　　打开【通道盒】检查模型的变换属性值是否归 0，如果不是，则需要单击【冻结变换】命令。先将对称的模型删除，只保留一侧模型，以图 6.201（a）和图 6.202（a）中白边为切口位置，参考枪筒的 UV 拆分方法，将枪筒旁边模型的 UV 进行拆分。最后把删掉的模型再使用【特殊复制】命令镜像复制出来，并单击【冻结变换】命令，镜像复制后的模型的 UV 呈淡红色，与原来淡蓝色的 UV 也呈镜像关系，如图 6.201（b）和图 6.202（b）所示。

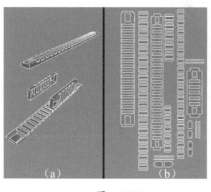
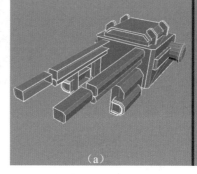

图　6.201　　　　　　　　　　　　　图　6.202

6.4.7　UV 的整理摆放

　　【排布】功能可以自动重新定位 UV 壳，使这些壳不在 UV 纹理空间中重叠，并使壳之间的间距和适配达到最大化。这样有助于确保 UV 壳拥有自己单独的 UV 纹理空间。也可以手动排布 UV。将所有的 UV 重新排布，最大化的放置在 0～1 的坐标系内。如图 6.203 所示是【线框】模式显示的摆放完成的 UV。注意：摆放的 UV 位置不是固定的，制作者可以根据自己的情况进行摆放，只要保证放置在 0～1 的坐标范围内并且最大程度的占满这个正方形区域即可。

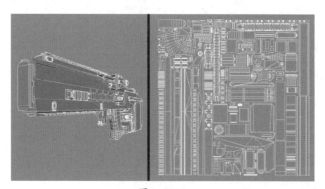

图　6.203

　　展开 UV 的过程中，都经过【Texel 密度】统一每个 UV 块的分辨率，保证 UV 分辨率的一致。显示出【棋盘格贴图】可以看到模型上的棋盘格大小基本相同，这样可以保证后续绘制的贴图的统一，如图 6.204 所示。

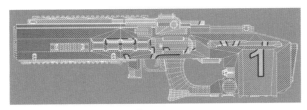

图　6.204

将 UV【着色】显示，在透视图中可以看到模型左右两侧有不同的颜色，代表对称关系的模型面有共用的 UV，在【UV 编辑器】中也能通过不同的颜色看到叠加在一起的 UV。尽量保证浅蓝色在枪的一侧，浅红色在枪的另一侧，如图 6.205 所示。

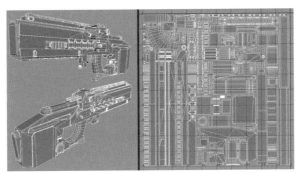

图　6.205

至此，完成了拆分 UV 的操作，单击【文件】>【保存场景】命令，将所做的操作保存在 Gun_04_allUV.mb 文件中。

6.5　烘 焙 贴 图

6.5.1　烘焙贴图准备工作

烘焙贴图阶段需要制作法线贴图、AO 贴图和 ID 贴图，烘焙的目的就是将高模上的细节效果烘焙到低模上面，使用的是 xNormal 制作软件。

烘焙之前要做好准备工作，如设置软硬边、移除重叠的 UV、把模型按组分离、文件的导出等操作。

步骤/01 设置软硬边。

打开 Gun_v04_allUV.mb 文件，根据模型的 UV 设置软硬边，将展开 UV 时的切口位置设置为硬边，其他位置的线设置为软边。具体操作是在【UV 编辑器】窗口中，进入边模式，框选所有的 UV 边，切换至透视图窗口，选择【网格显示】>【软化边】命令，将所有的边软化显示。再次切换至【UV 编辑器】窗口，保持所有的 UV 边被选中，打开 UV 的【纹理边界】，使开放边加粗显示，按住 Ctrl 键，将所有不是开放边的边减选掉，此项工作必须认真细致，完成之后，仅剩下开放边是被选中的状态。再次切换至透视图窗口，选择【网格显示】>【硬化边】命令，将所有的开放边硬化显示。至此，所有的开放边被设置为硬边，所有的中间线被设置为软边。单击【文件】>【保存场景】命令，将上述操作保存至 Gun_v04_allUV.mb 文件中。完成软硬边设置的低模如图 6.206 所示。

图　6.206

步骤/02 移除重叠的 UV。

单击【文件】>【场景另存为】命令，将 Gun_v04_allUV.mb 文件另存至 scenes 文件夹中，并命名为 Gun_v04_singleUV，将重叠的共用 UV 移除，只剩下单层 UV。

本步骤将移除重叠的 UV，也就是有共用 UV 的位置，只保留一层，如图 6.207 所示，由（a）图的样子变为（b）图的样子。

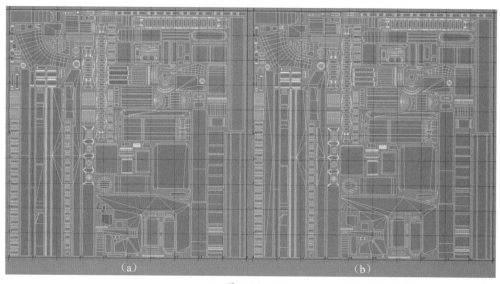

图　6.207

在【UV 编辑器】中，浅蓝色 UV 表示单层 UV，其他颜色说明存在着共用 UV。按照图 6.208 所示的样子，按住鼠标右键，选择【UV 壳】命令，将每个有重叠的 UV 块逐个分离，并移出 UV 坐标系的第一象限，最终只留下浅蓝色 UV。

有几个共用 UV 的特殊位置需要特别注意，必须保留特定的 UV 壳。如图 6.208 所示，所选模型有 4 个侧面共用 UV，需要留下如图 6.208（a）所示的靠外的面，因为对应的高模的面外侧有飘片，飘片要烘焙到对应的低模上，因此必须保留靠外的面，才可以保证每个低模面都有飘片所呈现的凹陷。如果留下靠内侧的面，飘片的凹陷就不会被烘焙出来，因为没有对应的面来接收它。

如图 6.209 所示，模型的 4 个侧面共用 UV，保留如图 6.209（a）中被选中的 UV 壳，把其他 3 个面放到第一象限的外面。因为侧面有其他模型与之交叉，如果保留靠前的面，烘焙 AO 贴图时会在端面产生相互的阴影投射，致使前端面出现交叉模型的阴影，结果就会在 4 个面都产生交叉模型的阴影。为了避免阴影的出现，需把靠后的端面保留下来。

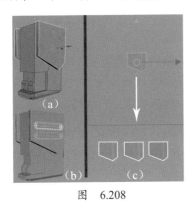

图　6.208

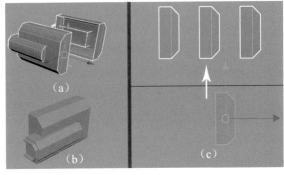

图　6.209

如图 6.210（a）所示的模型，前后两个面共用 UV，注意保留前端面，因为对应的高模上有凹陷和螺丝钉，需要烘焙到前端面上。如果保留了后端面，那么高模上的细节就没有对应的低模面来接收，致使细节烘焙不到低模上。

经过细致的筛选，在第一象限保留正向的 UV 壳，排列的大致效果如图 6.211 所示。单击【文件】>【保存场景】命令，将操作文件保存，此时保存的文件是 Gun_v04_singleUV.mb。

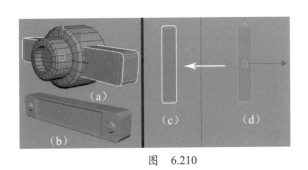

图　6.210

图　6.211

步骤／03 防止模型相互穿插，需进行分组。

单击【文件】>【场景另存为】命令，将 Gun_v04_singleUV.mb 文件另存至 scenes 文件夹中，并命名为 Gun_v05_NM_singleUV_fenzu，要在单层 UV 的模型中进行分组。

在烘焙贴图时，临近的模型零件之间有穿插，会产生相互影响，致使烘焙的贴图不正确。为了避免产生错误贴图，达到最完美的效果，需要将模型分组，并拉开距离；还需要将低模和高模做同样的分组，并做同样距离的位移。

具体操作是，将不相邻的低模上的零件结为一组，执行【结合】命令，沿某个轴向移动确定的距离（可以在通道盒的平移属性输入数值），在大纲视图中命名为 low01；打开高模，找到同样的模型零件结为一组，与低模沿同一轴向移动同样的距离，在大纲视图中命名为 high01。遵循同样的原则，重复操作，将其他零件做分组并进行移位，分别命名为 low02、low03…和 high02、high03…，分多少组就进行多少个命名。这样就形成了爆炸图，模型相互没有穿插。

具体操作中将模型分为几组，哪些模型结为一组，读者可以灵活操作，只要将模型分开，避免相互之间的穿插就能达到目的。如图 6.212 是低模的分组，为了便于操作，本书改变了模型的颜色。从图 6.212 中可以看出，模型上的各个零件完全分开，高低模同步分组，并移动相同的距离，使分开之后高低模之间仍然能够完全对位。如图 6.213 是高模的分组，单击【文件】>【保存场景】命令，将文件保存至 Gun_v05_NM_singleUV_fenzu.mb。

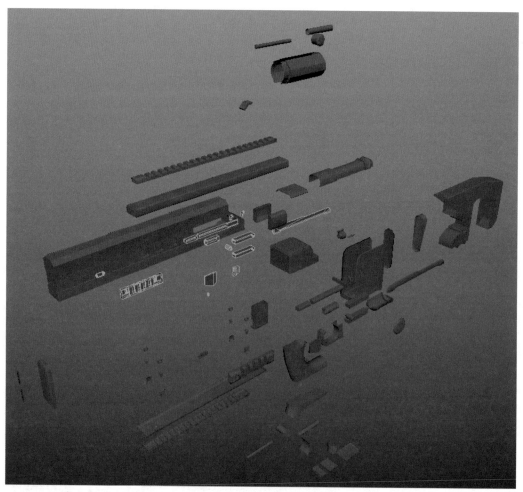

图　6.212

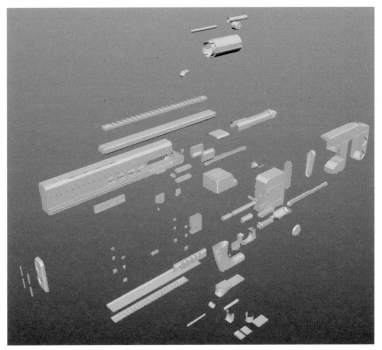

图　　6.213

如图 6.214 所示，分别是低模、高模的分组以及高低模对齐的效果。转动视图方向，对齐的高低模会出现闪动的效果，说明高低模是严格对齐的。

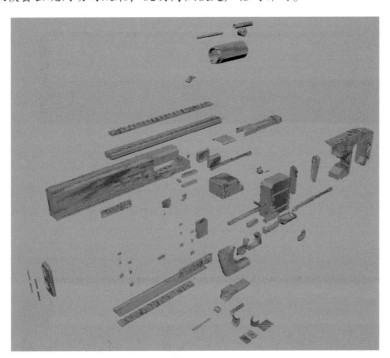

图　　6.214

步骤/04 导出 .obj 格式的文件，用作备用。

步骤 03 对模型做了分组和命名，本步骤需要将低模和高模分别导出为 .obj 格式。

首先在项目目录的 scenes 文件夹中新建一个文件夹，命名为 NM，NM 代表 normal 是法线的意思，用于放置烘焙法线贴图所导出的 .obj 文件。

全选所有低模，执行【网格】>【三角化】命令。全选所有的高模，同样执行【网格】>【三角化】命令。因为在 xNormal 软件中烘焙贴图，要求导入的模型面是三边面或者四边面，为了避免有未处理的大于四边面的面，所以直接做【三角化】处理。

框选所有的低模，单击【文件】>【导出当前选择】命令，在弹出的对话框中，选择 NM 文件夹进行存放，选择【文件类型】为 OBJexport，【文件名】命名为 low_NM_singleUV_fenzu。

高模的处理方法相同，框选所有的高模，单击【文件】>【导出当前选择】命令，导出的模型存储在 NM 文件夹中，选择【文件类型】为 OBJexport，【文件名】命名为 high_NM_fenzu。这样在文件夹中存放了导出的高模和低模的 .obj 格式文件。

6.5.2 法线贴图

步骤/01 导入高模。

打开 xNormal 软件，单击右侧的 High definition meshes 按钮，在中间操作视窗里右击，选择 Add meshes 命令，在 NM 文件夹中，选择 high_NM_fenzu.obj 模型导入高模，如图 6.215 所示。

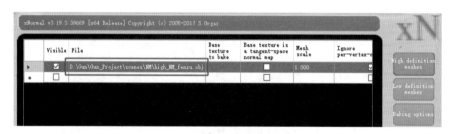

图　6.215

步骤/02 导入低模。

单击右侧的 Low definition meshes 按钮，在中间操作视窗里右击，选择 Add meshes 命令，在 NM 文件夹中，选择 low_NM_singleUV_fenzu.obj 模型导入低模。将 Maxium frontal ray distance 和 Maxium rear ray distance 的值都设置为 0.15，如图 6.216 所示。

图　6.216

参数 Maxium frontal ray distance 和 Maxium rear ray distance 分别是【最大正面射线距离】和【最大后方射线距离】。如图 6.217 是烘焙贴图的原理图，红色虚线代表虚拟的封套，绿色实线代表高模，白色实线代表低模，紫色箭头代表烘焙贴图时的射线。从红色虚线到白色实线之间的距离就是 Maxium frontal ray distance，从低模向内的距离就是 Maxium rear ray distance。如果 Maxium frontal ray distance 值过大，相邻的模型零件之间可能会发生射线的交叉而产生映射的错误。如果 Maxium frontal ray distance 值过小，高模上与面垂直方向较高的模型细节就会因为被遮挡而烘焙不上去，但是模型上临近的面之间不会相互影响。要根据高模上细节的高低调节 Maxium frontal ray distance 参数至合适的值，改变虚拟封套的大小，以尽量不产生映射的错误为准。每位读者制作的模型都不一样，因此这个参数不是固定的，要根据自己具体的模型来设定。可以通过设置成不同的参数观察效果，直至找到最合适的参数。

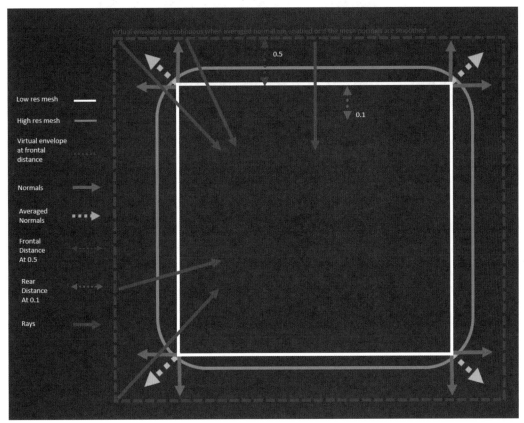

图　6.217

步骤/03 烘焙贴图。

单击右侧的 Baking options 按钮，在弹出的视窗中设置烘焙贴图的属性。在最上方设置文件的导出位置为 Maya 工程文件的 images 文件夹中，并命名为 Gun。Size 设置为 4096×4096，Edge padding 边缘填充值设置为 4，Bucket size 值设置为 32，Antialising 抗锯齿值设置为 4x。在 Maps to render 要渲染的贴图中选中 Normal map 法线贴图。都设置好之后，单击右下角的 Generate Maps 按钮。在 images 文件夹，会生成 Gun_normals.tga 法线贴图，参数设置如图 6.218 所示。

图 6.218

步骤/04 查看法线贴图有没有问题。

重新打开 Maya 文件 Gun_v04_allUV.mb，烘焙的结果要放置在完整 UV 的文件中进行查看，让烘焙的结果出现在整个模型上。单击【文件】>【场景另存为】命令，命名文件为 Gun_v04_allUV_triangle.mb，给模型做三角面的处理。首先整理模型，全选整个低模，执行【结合】命令，并在【大纲视图】中命名为 lowall，重新添加至 low 层中，打开 Hypershade 面板，重新赋予低模 Lambert 材质。显示高模，全选所有高模，执行【结合】命令，在【大纲视图】中命名为 highall，重新添加至 hig 层中。删除中模、所有【历史】及所有废节点。执行【网格】>【三角化】命令，将低模所有的面修改为三边面。选择 lowall 低模，单击【文件】>【导出当前选择】命令，将低模导出为 .obj 文件格式，命名为 gun_allUV_low.obj，放置在 scenes 文件夹中。

打开 Marmoset Toolbag 软件，导入 gun_allUV_low.obj 文件。双击右上角材质球面板里面的材质球，致使模型闪动的即为该模型对应的材质球。在材质属性面板中，选择【Surface：】选项里的 Normals，单击下面的小棋盘格方框，选择烘焙的法线贴图赋予模型。

如图 6.219～图 6.222 分别是 Maxium frontal ray distance 的值为 0.05、0.1、0.15 和 0.5 时烘焙的局部结果。当设置 Maxium frontal ray distance 值为 0.05 和 0.1 时，会造成模型不能完全烘焙出来，垂直距离比较大的模型会被遮挡住；当设置 Maxium frontal ray distance 的值为默认的 0.5 时，临近的模型面之间会产生较为严重的相互影响，会在侧面出现如图 6.222（a）中所看到的映射错误。当设置 Maxium frontal ray distance 的值为 0.15，可以达到较好的效果。反复查看贴图，发现有两个细节处映射错误，如

次世代三维模型案例实战——基于 PBR 流程（微课视频版）

图 6.223 所示。

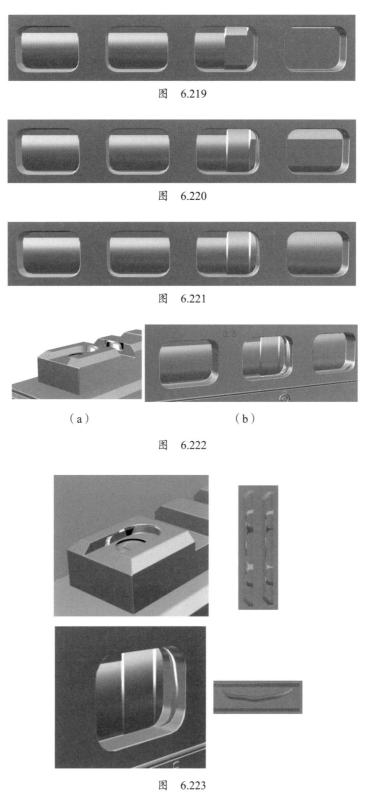

图　6.219

图　6.220

图　6.221

（a）　　　　　（b）

图　6.222

图　6.223

步骤/05 修改法线贴图细节。

　　针对烘焙贴图中出现的问题，可通过 Photoshop 软件进行修正，且有两种处理方法，一种是通过修补、仿制图章等工具直接修改有问题的地方；另一种是与 Maxium frontal ray distance 的值设置为 0.05 时烘焙的图进行合成，且取各自正确的位置进行合成，如图 6.224 所示。

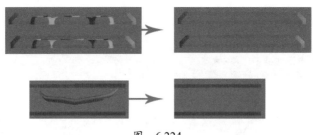

图　6.224

　　修改完毕，对文件进行保存，仍然存储为 .tga 格式，命名为 Gun_normals_ps_end. tga，【分辨率】选择 24 位/像素。最终法线贴图和最终法线贴图效果如图 6.225 和图 6.226 所示。

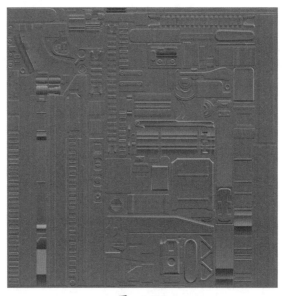

图　6.225

图　6.226

6.5.3 AO 贴图

AO 贴图主要是计算在一个统一的光强度下，场景的软阴影效果；综合改善细节，尤其是暗部阴影的细节；增强空间的层次感、真实感；同时加强和改善画面的明暗对比，使模型更有立体感。

在枪的模型中，凹陷、钉子等部位使用了独立的飘片模型。飘片位于主模型的上方，在烘焙 AO 贴图时会在主模型上产生投影，而飘片是不应该产生投影的。在 xNormal 软件的 Ambient occlusion 选项面板中有一个 Ignore backface hits 选项，这个选项是忽略背面撞击的命令，选中此选项时就会忽略飘片下的模型，射线会在飘片处停止，不会产生投影。因此，烘焙 AO 贴图需要选中该选项。如图 6.227（b）和（c）分别是取消选中与选中 Ignore backface hits 选项的区别。

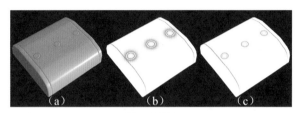

图　6.227

步骤/01 打开 Gun_v04_singleUV.mb 文件，选择【文件】>【场景另存为】命令，将文件重命名为 Gun_v06_AO_singleUV_zhengti.mb，由于模型上的零件之间需要产生明暗素描关系，因此要对模型做整体导出。在 scenes 文件夹中新建一个文件夹，重命名为 AO。

在导出模型之前，需要做一些细节处理。显示出高模，将部分连接在一起的飘片的边缘删除掉，烘焙贴图的射线方向是垂直于模型表面的，而连接在一起的飘片边缘会遮挡射线，致使飘片不能与主体模型融合在一起。如图 6.228 是 5 个需要删除边缘的飘片。

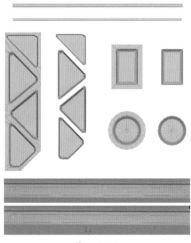

图　6.228

全选高模，执行【网格】>【三角化】命令，将模型面都转换成三角面。单击【文件】>【导出当前选择】命令，将高模导出为 .obj 文件格式，命名为 high_AO.obj。

全选低模，执行【网格】>【三角化】命令，将模型面都转换成三角面，同样导出为 .obj 文件格式，命名为 low_AO.obj，放置在 AO 文件夹中。

步骤/02 在 xNormal 软件中烘焙。打开软件，单击 Clear all meshes 按钮清除烘焙法线贴图导入的高低模，重新导入步骤 01 中导出的高模 high_AO.obj 和低模 low_AO.obj，在导入低模的界面，设置 Maxium frontal ray distance 的值为 0.1，设置 Maxium rear ray distance 的值为 0.1（这两个参数值不固定，根据自己制作的模型来确定，在不产生错误的基础上，取值越小效果会越好，可以更换数值的大小，多渲染几次，找到效果最好的图），取值 0.1 效果较好，可以降低模型面之间的相互影响，如图 6.229 和图 6.230 所示。

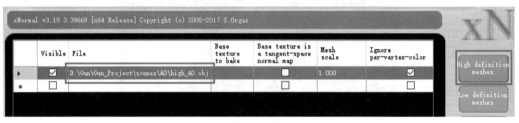

图　6.229

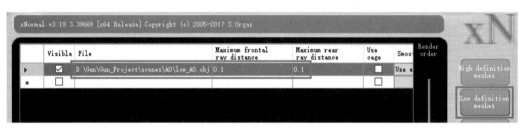

图　6.230

单击右侧的 Baking options 按钮，设置输出路径，Size 为 4096×4096，Edge padding 值为 4，Bucket size 值为 32，Antialising 设置为 4x，选中 Ambient occlusion，并单击它后面的按钮，打开 Occlusion map 选项，选中 Ignore backface hits，该命令主要作用于飘片，忽略飘片后面的面，不会在飘片与主模型之间产生阴影，是制作该案例非常重要的选项，一定要选中，如图 6.231 所示。

单击 Generate Maps 按钮进行烘焙，将生成 AO 贴图保存为 Gun0.1_occlusion.tga。如图 6.232 所示，既体现出了整体的明暗关系，飘片也得到了正确的结果。设置 Maxium frontal ray distance 的值为 0.15、Maxium rear ray distance 的值为 0.15，再次烘焙 AO 贴图，将生成的 AO 贴图保存为 Gun0.15_occlusion.tga。下一步将在 Maya 中查看存在的细节问题。

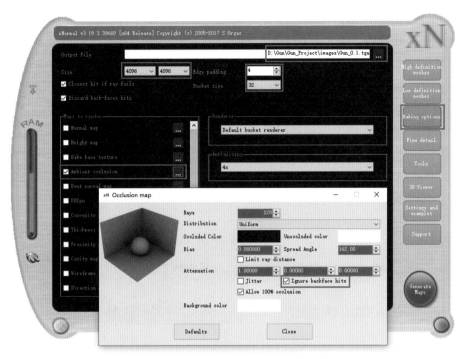

图 6.231

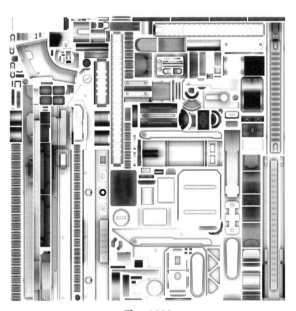

图 6.232

步骤/03 在 Maya 中检查 AO 贴图的问题。

打开 Gun_v04_allUV_triangle.mb 文件，选择文件中的低模，按住鼠标右键，选择【材质属性】，在【属性编辑器】面板中，单击【颜色】后面的棋盘格图标，在弹出的【创建渲染节点】面板中选择【文件】；再次在【属性编辑器】面板中，单击【图像名称】后面的文件夹图标，在弹出的对话框中，选择贴图 Gun0.1_occlusion.tga。按"6"键就能看到效果，如果出现半透明的看起来错误的显示，是因为 .tga 贴图中包含

Alpha 通道，自动将透明通道赋给了【透明度】属性。在【公用材质属性】面板中，找到【透明度】属性点右键，选择【断开连接】，即可正确显示 AO 贴图的效果。通过观察发现该贴图表现出了整体的明暗素描关系，飘片也正确显示，但是枪筒位置需要修正。这是由于 Maxium frontal ray distance 取值为 0.1 太小，没有把模型完全包裹住。如果取值为 0.15，此处则能够正确显示，但是其他位置会产生相互干扰的错误，所以 Maxium frontal ray distance 参数的取值要看整体的效果，以产生最少的错误为准，也便于后期在 Photoshop 软件中修正。如图 6.233 所示是 Maxium frontal ray distance 的取值为 0.1 的效果。当取值为 0.15 时，枪筒位置显示正确，但是其他位置出现了如图 6.234 所示的映射错误。

图 6.233

图 6.234

步骤/04 在 Photoshop 软件中修改 AO 贴图。

通过对比得出 Maxium frontal ray distance 参数取值为 0.1 的效果更好，Gun0.1_occlusion.tga 图片更容易处理。在 Photoshop 软件中打开图片 Gun0.1_occlusion.tga，同时打开图片 Gun0.15_occlusion.tga，取后者的枪筒位置，合成至前者图中，修改错误。如图 6.235 所示是最终修正完成的图，【存储为】Gun_occlusion_ps_end.tga，放置在 images 文件夹中。

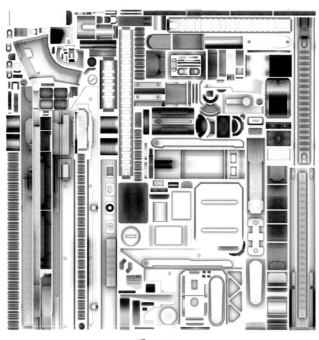

图 6.235

至此，完成了烘焙 AO 贴图，赋予模型之后的效果，如图 6.236 所示。

图　6.236

6.5.4 ID 贴图

步骤/01 在 Maya 中重新分组模型。

ID 贴图是指颜色 ID 贴图，使用高纯度的颜色区分不同的材质，在绘制材质贴图时便于将材质赋予指定的模型。因此，烘焙 ID 贴图的模型应该是基于不同材质进行分类的。在枪的模型上面有 5 种材质，需要按照不同的材质分为 5 组。

为了避免烘焙贴图产生错误，需要在 Gun_v05_NM_singleUV_fenzu.mb 模型的基础上为模型按照不同的材质重新组合。按照如图 6.237 所示的不同颜色给模型分组。单击【文件】>【场景另存为】命令，将文件另存为 Gun_v07_ID_singleUV_fenzu.mb。

图　6.237

全选文件中的低模执行【结合】命令，全选高模执行【分离】命令，并将高模按照不同的材质重新归类，同样材质的模型【结合】在一起。在大纲视图中为每组模型命名，如图 6.238 所示。

图　6.238

在 scenes 文件夹中新建文件夹，命名为 ID。把每组模型导出为 .obj 格式的文件，高模命名为 high_ID1、high_ID2、…、high_ID5，低模命名为 low_ID。

步骤/02 烘焙贴图。

打开 xNormal 软件，清空上次操作导入的模型，分别导入 5 个高模文件和 1 个低模文件，设置低模的 Maxium frontal ray distance 和 Maxium rear ray distance 参数值都为 0.15。在生成贴图视窗中，选中 Bake base texture，并打开其选项，选中 Write ObjectID if no texture。单击 Generate Maps 按钮即可生成 ID 贴图。参数设置如图 6.239 ~ 图 6.241 所示。

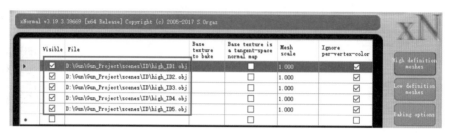

图 6.239

图 6.240

图 6.241

至此，完成 ID 贴图，生成了 5 种高纯度颜色区域，分别代表 5 种材质，如图 6.242 所示。在 Photoshop 软件中，对枪筒上孔的侧面 UV 位置做略微的去杂色修改，保存文件，如图 6.243 是 ID 图贴在模型上的效果。

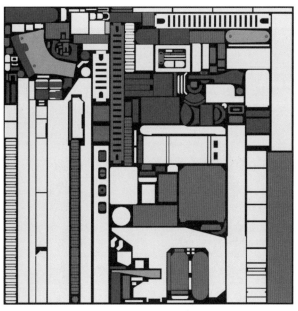

图   6.242

图   6.243

本节完成了绘制材质所必需的法线贴图、AO 贴图和 ID 贴图，并在 Photoshop 软件中完成了修复，统一放置在 images 文件夹中，文件名分别为 Gun_normals_ps_end.tga、Gun_occlusion_ps_end.tga 和 Gun_id_baseTexBaked_ps_end.tga。

6.6 绘制材质贴图

绘制贴图之前需要做一些准备工作。打开 Substance Painter 软件，导入模型并做初步处理。选择【文件】>【新建】命令，在弹出的【新项目】对话框中，【模板】选择 PBR-Metallic Roughness(allegorithmic)，单击下面的【选择】按钮，找到 scenes 文件夹中的 gun_allUV_low.obj 文件。【文件分辨率】选择"2048"。【法线贴图格式】选择 OpenGL。如果模型文件是在 Maya 中制作的，那么就要选择 OpenGL 格式；如果模型是在 3DS Max 中制作的，就要选择 DirectX 格式。然后单击【添加】按钮，打开 Maya 项目文档中的 images 文件夹，选择 6.5 节中导出的法线贴图、AO 贴图和 ID 贴图。单击 OK 按钮，完成项目创建。参数设置如图 6.244 所示。

图 6.244

单击【展架】面板上的【Project 项目】，在右侧可以看到导入的贴图，如图 6.245 所示。

图 6.245

在【TEXTURE SET 纹理集设置】面板中，分别单击【选择 normal 贴图】【选择 id 贴图】【选择 ambient occlusion 贴图】按钮，在弹出的对话框中选择相对应的贴图。然后单击面板上的【烘焙模型贴图】按钮，烘焙其他贴图，如图 6.246 和图 6.247 所示。

在弹出的【烘焙】对话框中，选中缺少的贴图，【输出尺寸】选择 4096，单击【烘焙 lambert2SG 模型贴图】按钮，进行贴图烘焙，如图 6.248 所示。完成后在【展架】面板就可以看到所有的贴图，如图 6.249 所示。至此，所有的前期工作准备完毕，下一步开始正式绘制贴图。

图 6.246

图 6.247

图 6.248

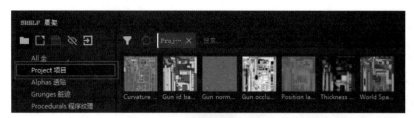

图 6.249

6.6.1 绘制弹匣黑色金属材质

在【展架】面板中，单击【Smart Materials 智能材质】选项，找到名称为 Black Rough Metal Damaged 的材质球，单击并拖动至【图层】面板。双击图层名称，重命名为弹匣 -Black Rough Metal Damaged。

注意：在素材文件夹 Substance Painter+Marmoset Toolbag 中，提供了制作该案例所需的智能材质球 Black Rough Metal Damaged.spsm，将该文件复制至软件的安装位置 C：\Program Files\Allegorithmic\Substance Painter\resources\shelf\allegorithmic\smart-materials\Metal。这样在软件的智能材质展架中就包含了该材质球，如图 6.250 所示。

图 6.250

在图层上右击，在弹出的命令中选择【添加颜色选择遮罩】，单击【选取颜色】按钮，在模型上选择弹匣位置所对应的颜色，则整个模型上相同颜色的位置都会被赋予该材质，如图 6.251 所示。

单击打开图层前面的文件夹，下面会出现两个子层，分别是底层灰色金属材质和表面的黑色粗糙金属材质，如图 6.252 所示。

单击 Grey Steel 层上的第一个框，在弹出的下拉菜单中选择子层 Base Steel；在【属性】面板中，设置【颜色 02】的值为 R=0.635、G=0.635、B=0.635，如图 6.253 所示。

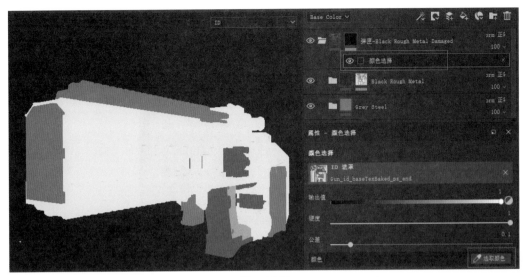

图　6.251

图　6.252

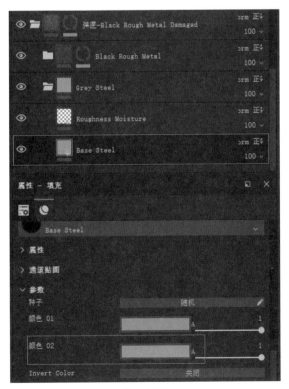

图　6.253

单击 Black Rough Metal 层上的第一个框，在弹出的下拉菜单中选择子层 Base Metal；在【属性】面板中，设置【颜色 02】的值为 R=0.299、G=0.282、B=0.255，使颜色变浅。减小颜色的对比度，使两层颜色更加协调，如图 6.254 和图 6.255 所示。

图　6.254

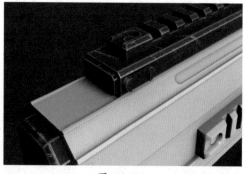

图　6.255

单击 Black Rough Metal 层上的第二个框，也就是打开遮罩层，再选择下拉菜单中的 MG Mask Editor，且在弹出的【属性】面板上，设置【全局平衡】的值至 0.7，如图 6.256 所示。

为弹匣部分加凹槽，在弹匣材质层里面创建一个填充层，命名为弹匣凹槽。按照如图 6.257 和图 6.258 所示的参数进行设置，在属性面板中保留【材质】下的 color 和 height，设置 Base Color 为深灰色，建议颜色值为 R=0.021、G=0.021、B=0.021。要做出凹槽的效果，就需要设置 Height 值为 -0.2。右击【弹匣凹槽】层，选择【添加黑色蒙版】，再次在图层上右击，选择【添加绘画层】，在属性面板的【Alpha 透贴】中添加方形笔头 Shape Brick，硬度设置为 1，大小设置为 0.56，在如图 6.259 所示的位置绘制凹槽。

图　6.256

图　6.257

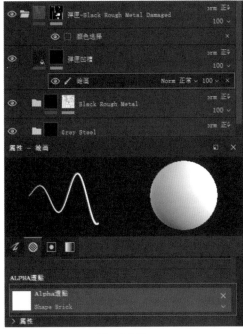

图　6.258

图　6.259

使用 Black Rough Metal Damaged 智能材质球，拖曳至【图层】窗口，重命名为主体 -Black Rough Metal Damaged。右击图层，选择【添加颜色选择遮罩】，使用【选取颜色】工具在 ID 贴图上吸取主体部分。

设置 Grey Steel>Base Steel 层和 Black Rough Metal>Base Metal 层的基础颜色，使枪的主体呈现灰色调。

单击图层 Black Rough Metal 的遮罩框，选择图层 Grunge scratches，该图层主要控制金属表面的划痕，设置属性面板的参数，使划痕分布合理。参数设置如图 6.260 所示，材质效果如图 6.261 所示。

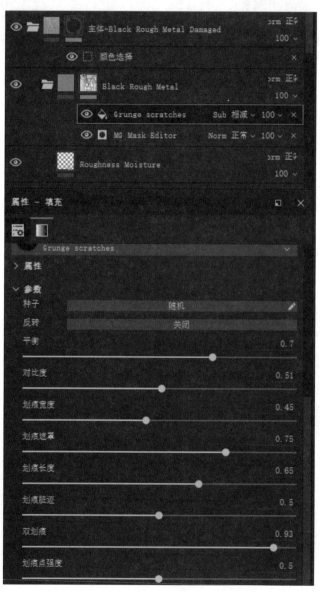

图　6.260

图　6.261

在主体材质层内创建一个填充层，命名为加深凹槽，用于使如图 6.262 所示的凹槽更明显。右击【添加黑色遮罩】，再次右击，添加绘画层，选择圆头画笔，在凹槽位置沿着边缘进行绘画。单击图层上的填充小方格，设置【Base Color 均一颜色】为较主体色更深的灰色，Height 的值为 –0.0611，使凹槽看起来更加显眼。

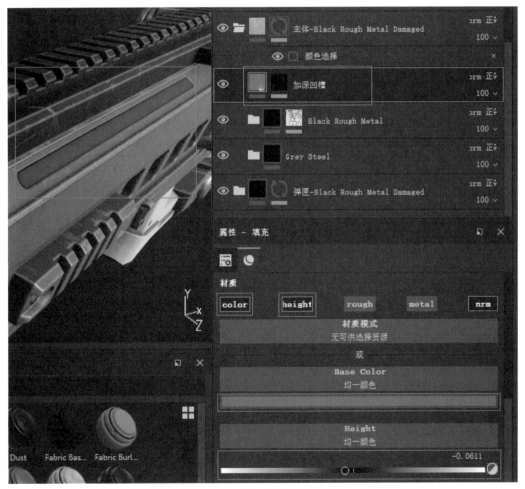

图　6.262

在模型上添加文字。先在 Photoshop 软件中绘制文字，创建 1024 像素 ×1024 像素的文档，背景设置为黑色，前景的文字设置为白色，完成之后存储为 Targa 格式的文件。由于枪筒的两侧共用 UV，贴图是镜像的，因此绘制的文字要选择对称的字母，否则另一面的字母会发生翻转，作者绘制的 IUU 和 008-80 样式的文字是可行的，也可以写 AO、TM 等样式的文字，如图 6.263 所示。

图　6.263

执行【展架】上的【导入资源】命令，单击【添加资源】按钮，选择 Photoshop 软件中绘制的图 008-80.tga 和 IUU.tga，也可以自由绘制文字，选择以 alpha 的形式导入。选择导入项目文件 'Gun' 中，单击【导入】按钮，图片会出现在项目窗口中，如图 6.264 所示。

图　6.264

在主体图层下创建一个【填充层】，重命名为文字，右击【添加黑色遮罩】，为遮罩添加两个绘画层，分别绘制两组文字。将导入的图片作为笔刷，拖曳至【属性】面板的【Alpha 透贴】处，然后调整笔刷的大小，在合适的位置进行绘制，如图 6.265 所示。

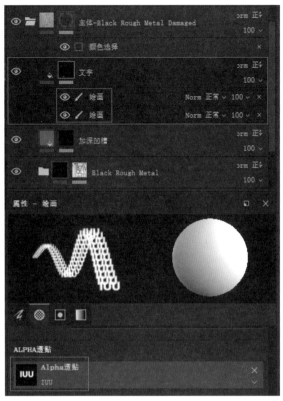

图　6.265

绘制完成后，按照如图 6.266 所示的位置，单击【文字】层前面的框，在【属性】面板中，单击 Base Color 的颜色框，选择深灰色，即可改变文字的颜色，文字效果如图 6.267 所示。

图　6.266

图　6.267

6.6.3　绘制扳机护弓橡胶材质

　　使用 Leather Sofa 智能材质球，拖曳至【图层】窗口，重命名为扳机护弓 -Leather Sofa。右击图层，选择【添加颜色选择遮罩】，使用【选取颜色】工具在 ID 贴图上吸取扳机护弓部分。

　　由于直接赋予的橡胶材质颗粒太大，可展开图层，单击 Leather 层，在【属性】面板，调整【UV 转换】的比例值为 7，参数设置如图 6.268 所示，效果如图 6.269 所示。

图　6.268

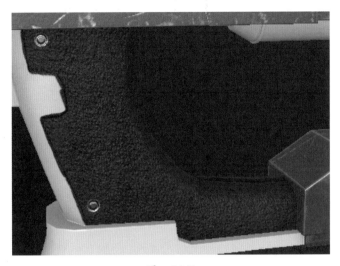

图　6.269

6.6.4　绘制枪膛黑色亮金属材质

使用 Steel Dark Aged 智能材质球，拖曳至【图层】窗口，重命名为枪膛 -Steel Dark Aged。右击图层，选择【添加颜色选择遮罩】，使用【选取颜色】工具在 ID 贴图上吸取枪膛部分，此处为蓝色。

展开 Scratches 的遮罩，单击 Dirt，设置【属性】面板中的【脏迹量】值为 0.3。参数设置如图 6.270 所示，效果如图 6.271 所示。

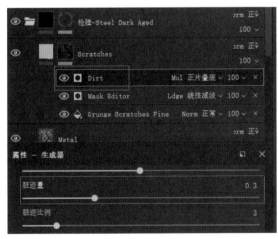

图　6.270

图　6.271

6.6.5　绘制螺纹金属材质

使用 Chrome Blue Tint 智能材质球，拖曳至【图层】窗口，重命名为螺纹 -Chrome Blue Tint。右击图层，选择【添加颜色选择遮罩】，使用【选取颜色】工具在 ID 贴图上吸取螺纹部分，此处为红色。保持图层的默认设置即可有较好的效果，如图 6.272 所示。

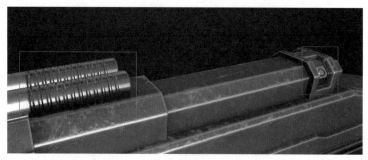

图　6.272

6.6.6 绘制透空黑洞效果

诸如枪口、螺丝扣等位置，需要有透空的效果。处理方式是把这些位置填充成黑色，看起来有透空效果。在螺纹层的上方创建一个填充层，命名为黑洞，为图层【添加黑色遮罩】，如图 6.273 所示。在遮罩上【添加绘画】层，选择圆头或者方头的笔刷，拖曳至【Alpha 透贴】，在合适的位置进行绘制，效果如图 6.274 所示。

图　6.273

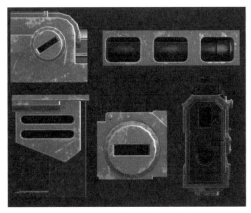

图　6.274

6.6.7　绘制脏迹贴图

　　完成上述步骤之后，模型给人太干净的感觉，因此需要在模型的边角位置制作脏迹，以制造真实感。创建填充图层，并命名为脏迹，设置 Base Color 为土黄色，颜色设置为 R=0.484、G=0.409、B=0.307，如图 6.275 所示，此时的枪显示为土黄色。

图　6.275

在图层上右击，添加黑色遮罩，在展架面板，Smart masks 智能遮罩中选择 Dust Occlusion，拖曳至【脏迹】图层上，自动生成 Dirt 层，效果如图 6.276 所示。在 AO 贴图中有阴影的部位产生了明显的脏迹。

图　6.276

当脏迹量偏大时，调整【属性 - 生成器】面板中的【脏迹色阶】为 0.3，【脏迹量】为 0.2。参数设置如图 6.277 所示，最终效果如图 6.278 所示。

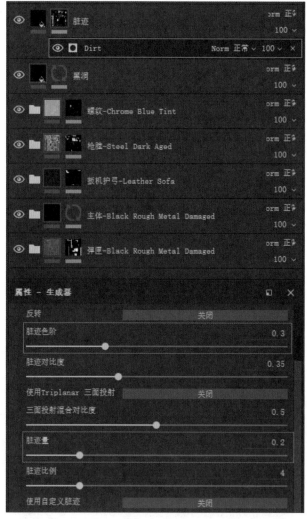

图　6.277

图　　6.278

将【脏迹】层放置在【黑洞】层的下面，至此，完成所有材质贴图的绘制。

6.6.8 导出贴图

将文件保存为 Gun_sp，放置在 scenes 文件夹中。单击【文件】>【导出贴图】命令，在弹出的【导出文件…】对话框中，按照如图 6.279 所示设置导出路径，导出文件格式选择 Targa，选中【lambert2SG】，导出尺寸选择 4096×4096，然后单击【导出】按钮，会在文件夹中生成 gun_all_low_lambert2SG_BaseColor.tga、gun_all_low_lambert2SG_Height.tga、gun_all_low_lambert2SG_Metallic.tga、gun_all_low_lambert2SG_Normal.tga 和 gun_all_low_lambert2SG_Roughness.tga 5 张贴图，删除 gun_all_low_lambert2SG_Height.tga 贴图。

图　　6.279

6.7 渲 染 输 出

· · · · · ·

6.7.1 导入模型并设置贴图

打 开 Marmoset Toolbag 软 件，导 入 gun_allUV_low.obj 文件。双击右上角材质球面板里面的材质球，致使模型闪动的即为该模型对应的材质球，如图 6.280 所示。

在下侧的材质属性面板中，选择【Surface：】选项里的 Normals，单击下面的正方形棋盘格，选择 6.6 节从 Substance Painter 中导出的法线贴图文件 gun_all_low_lambert2SG_Normal.tga（文件路径

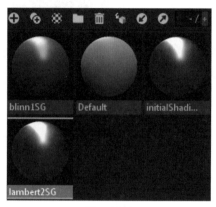

图　6.280

为 D：\Gun\Substance Painter+Marmoset Toolbag\Gun_sp_ 导出贴图文件）赋予模型。查看法线，如果显示不正确，则选中 Flip Y 进行翻转，如图 6.281 所示。

进入【Microsurface：】面板，选择 Gloss 选项，单击正方形棋盘格位置，选择 6.6 节中导出的粗糙度贴图 gun_all_low_lambert2SG_Roughness.tga，然后选中面板上的 Invert，如图 6.282 所示。

图　6.281

图　6.282

进入 Albedo：面板，选择 Albedo 选项，单击正方形棋盘格，选择 6.6 节中导出的基本颜色贴图 gun_all_low_lambert2SG_BaseColor.tga，将后面的颜色调整为白色，如图 6.283 所示。

进入 Reflectivity：面板，选择 Metalness 选项，单击正方形棋盘格，选择 6.6 节中导出的金属度贴图 gun_all_low_lambert2SG_Metallic.tga，如图 6.284 所示。

图　6.283

图　6.284

6.7.2 环境光调节

单击软件左上角区域的 Sky，在 Sky Light 面板中，单击 Presets 选项，在弹出的对话框中选择一张 HDR 的贴图，此处选择 Garage。在下面 Back drop 面板中，执行 Mode>Color 命令，在 Color 颜色框中将背景颜色设置为深灰色，为了效果更美观不要把背景设置为纯黑色。按住 Shift 键，并配合鼠标左键滑动，调整灯光的方向，观察效果。再回到 Sky Light 面板，在选择的 HDR 图上单击就可以在对应的位置添加灯光，在冷色位置单击添加一盏偏冷的灯光，在暖色位置单击添加另一盏偏暖的灯光，使场景形成冷暖色对比。参数设置如图 6.285 ～图 6.290 所示。

图 6.285

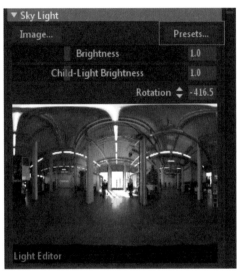

图 6.286

图 6.287

图 6.288

图 6.289

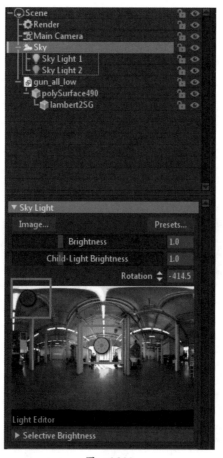

图　6.290

6.7.3　渲染设置

单击软件左上角位置的 Main Camera，在 Sharpen 面板中设置 Strength 的值为 1.0，如图 6.291 和图 6.292 所示。

图　6.291

图　6.292

单击软件左上角位置的 Render，调整 Resolution 的值为 2∶1，选中 Local

Reflections，设置 Shadow Resolution 为 High，选中 Ambient Occlusion，设置 Occlusion Strength 的值为 13.0，如图 6.293 和图 6.294 所示。

图　6.293

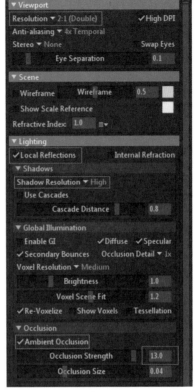

图　6.294

6.7.4　输出作品

　　输出作品之前做参数的设置，单击菜单栏的 Capture>Settings 命令，在弹出的 Capture Settings 对话框中，设置 Image 的尺幅为 1920×1080，Sampling 选择 400x，Format 选择 JPEG，完成后单击 OK 按钮，如图 6.295 和图 6.296 所示。

图　6.295

图　6.296

按空格键可以全屏预览模型的效果，将模型调整至合适的角度，按 F11 键即可将效果图图片保存至电脑桌面。最终效果如图 6.297 ～图 6.299 所示。将最终效果图保存至 Gun\Substance Painter+Marmoset Toolbag\Marmoset 导出渲染图文件夹中。

图　6.297

图　6.298

图　6.299

6.8　要点总结

梳理次世代案例的制作流程：中模、高模、低模、拆分 UV、烘焙贴图（法线、AO、ID）、绘制材质贴图、渲染输出。

中模是高模和低模的基础，起到承上启下的作用，因此要做规范。

高模要制作出尽量多的细节。

低模面数要尽量少，低模与高模的位置要对齐。

UV 的拆分方式会影响后续的烘焙贴图，根据以往的制作经验，面与面 90°夹角的位置，在拆分 UV 时一定要断开，否则会在烘焙的法线贴图中出现"诡异"的问题。

烘焙贴图时使用了较为传统，但是效果有保障的方法。现在更为快捷的方式是直接在 Substance Painter 中烘焙所有贴图，但是效果不容易控制。读者要根据自己模型的特点选择适合的烘焙贴图方式。

在绘制材质贴图阶段，Substance Painter 中参数较多，只要明确知道自己想要的效果，尝试调节材质球下的多个属性，一边调节参数一边看效果。参数没有固定值，达到自己满意的效果才是最终目的。

在渲染输出阶段，灯光的设置很重要，需选择适合的 HDR 贴图照明。另外，效果图中注意冷暖色的对比。